U0172650

1小时
粒子物理
简史

Pauline Gagnon

[加] 宝琳·加尼翁 ————— 著   钱思进 ————— 译

浙江教育出版社
ZHEJIANG EDUCATION PUBLISHING HOUSE

图书在版编目（CIP）数据

1小时粒子物理简史 / （加）宝琳·加尼翁著；钱思进译. —杭州：浙江教育出版社，2020.3
ISBN 978-7-5536-7356-1

Ⅰ．①1… Ⅱ．①宝… ②钱… Ⅲ．①粒子物理学—普及读物 Ⅳ．① O572.2-49

中国版本图书馆CIP数据核字（2020）第019672号

Qu'est-ce que le Boson Higgs mange en hiver ?
by Pauline Gagnon
Copyright © 2015 by Éditions MultiMondes
Originally published by Éditions MultiMondes
Simplified Chinese translation copyright © 2020
by Beijing Xiron Books Co., Ltd.
published by arrangement with The Grayhawk Agency.
ALL RIGHTS RESERVED
版权合同登记号　浙图字 11-2019-247

1小时粒子物理简史
yixiaoshi lizi wuli jianshi

［加］宝琳·加尼翁　著　钱思进　译

责任编辑：陈德元
美术编辑：曾国兴
责任校对：陈　颖
责任印务：时小娟
封面设计：郭旭峥　予　涵　@参考线文化
出版发行：浙江教育出版社
　　　　　杭州市天目山路40号　邮编：310013
印　　刷：雅迪云印（天津）科技有限公司
开　　本：700mm×980mm 1/16
成品尺寸：166mm×235mm
印　　张：16
字　　数：230000
版　　次：2020年3月第1版
印　　次：2020年3月第1次印刷
标准书号：ISBN 978-7-5536-7356-1
定　　价：52.00元
网　　址：www.zjeph.com

献给我的父母，科莱特·佩龙和保罗·加尼翁，他们给了我很多很多。也献给我的好友，凯特·海克侬和凯斯·诺伊斯，他们两人不幸过早地离开了我们。

译者序

　　2012 年 7 月 4 日，科学界和物理学界发生了一件不同寻常的事：欧洲核子中心（CERN）举办了一次科学报告会，紧接着是一次新闻发布会，向世界公布了人们期待已久的疑似希格斯玻色子的发现。这一发现被公认为物理学界近50 年来最重要的发现之一，2012 年年底被权威国际期刊《科学》遴选为当年世界上十项最重大科学发现之首。在其后几个月里，在 CERN 工作的数千名物理学家继续努力，于 2013 年年初利用数倍于 2012 年 7 月前积累的数据，最终确认了该粒子就是 1964 年由数名理论物理学家提出的希格斯玻色子。从而在当年10 月 8 日，2013 年的诺贝尔物理学奖颁发给了比利时的恩格勒（Englert）教授和英国的希格斯（Higgs）教授。此项诺贝尔奖使我们这些直接参与发现希格斯玻色子的物理工作者们感慨万千，我情不自禁地在我的博客里写道：

2013 年诺贝尔物理学奖与我们

　　本周一晚上，2013 年诺贝尔物理学奖颁发给了恩格勒和希格斯两位教授，这和我过去近 20 年（将近我的 30 年物理生涯的三分之二）的工作密切相关。我们的团队（CMS 国际合作组）与 ATLAS 国际合作组一起于去年 7 月发现的希格斯玻色子，是世界上几十个国家和地区的几千位物理学家齐心合力共同奋斗了几十年的结果。[①] 虽然我们几千人中没有一个人获奖，但如果没有我们的发现，也就没有这次颁发给希格斯教授等人的诺贝尔物理学奖的事件。这是世界物理学界 50 年来最重大的科学发现之一，我们为能有机会直接参与到这项重要工作的艰苦进程中深感无比的幸运，感慨万千。

如诺贝尔委员会的颁奖词所述，2012 年 7 月 CERN 的大型强子对撞机（LHC）上"ATLAS 和 CMS 两个研究团队（每个团队由 3000 多名科学家组成）成功地从数十亿次的质子对撞中检测出希格斯粒子"，从而验证了恩格勒、希格斯和其他物理学家 48 年前构造出来的基本粒子理论。

希格斯和恩格勒教授获得了今年的诺贝尔物理学奖，是对我们过去几十年的努力和成果的认可。但这只是一个新的开始，后面的路更长、更艰苦。人类对未知世界的好奇将驱使我们在探索未知世界的道路上永远奋勇前行。

希格斯玻色子很重要，但是它为什么重要？发现它为什么这么艰难？CERN 是怎么发现它的？发现它之后，粒子物理学还将向何处发展？还有什么新发现值得人们期待？很多读者希望有一本通俗易懂的书可以回答这些问题。恰巧，由印第安纳大学资深研究员宝琳·加尼翁（Pauline Gagnon）所著的这本书应运而生。宝琳从 20 世纪 90 年代中期开始在 CERN 工作，先是参加了大型正负电子对撞机（LEP，它完成了使命后于 2000 年被拆除，留下了 27 千米长的环形隧道；其后，LHC 就建在此隧道中）上的粒子物理实验，后来加入 LHC 上的 ATLAS 实验的国际合作组。一直到撰写本书之前，她大部分时间都在 CERN 工作。我本人从 1988 年开始在 CERN 工作，到 2018 年正好满 30 年；从 1994 年开始参加 LHC 上的 CMS 实验的国际合作组至今。我和宝琳过去在 CERN 偶尔相遇，

---

① ATLAS (A Toroidal LHC ApparatuS)，环形 LHC 装置；CMS（Compact Muon Solenoid），紧凑型缪子螺线管；二者是位于 CERN 的 LHC 上的两个通用型粒子物理探测器，详见第 3 章。——译者注

但在工作上没有交集。尽管如此，由于她在 CERN 不仅参加具体的探测器建造和物理分析工作，而且在 2011 年到 2014 年间还曾担任 CERN 的官方博客《量子日记》（Quantum Dairies）的正式博主之一，所以在 CERN 工作的人都知道她和她的博文。正如她在本书第 4 章提到的，她 2012 年 7 月 4 日当天正在澳大利亚墨尔本的当年国际粒子物理大会现场，远程亲临 CERN 的科学报告会和新闻发布会，为多国媒体做现场直播，同时更新 CERN 的博客。

在此，我由衷地感谢原书作者宝琳·加尼翁近一年来和我对书中各个章节的频繁讨论。她不厌其烦地解释了我提出的各种各样的问题——从物理内容，通俗表达，到涉及英语、法语的习惯用法，等等。本书的第一版由加拿大的一家法文出版社出版，后来由牛津大学出版社出版了英文版。至今已被翻译成中文繁体（译自法文版，在中国台湾地区发行）和波斯文，正在被翻译成中文简体（本书）和土耳其文，还将被翻译成德文。这一年来，作者和我对很多章节进行了深入探讨，对很多有关的数字从其他文献中或通过咨询她的 ATLAS 同事和我的 CMS 同事加以核实和补充。作者还专门为中文简体版补充了关于华裔女物理学家吴健雄的一节内容，并准备用在今后的再版和其他语种的译文版中。在此，我再次向原书作者宝琳·加尼翁给予我的极大帮助表示诚挚的感谢。

我也衷心感谢北京磨铁图书有限公司的指导和帮助，是他们将此书的中文简体版翻译工作委托给我，使我感觉责任重大。他们也理解我并非专职的译者，翻译之余还承担着本职的科研工作。磨铁公司的编辑们理解我的工作状况，支持我灵活掌握进度，回答我有时提出的翻译中的问题，使本书得以按时完成。

我特别要感谢我的家人（夫人可晶和儿女们），他们从一开始就给予了我极大的支持。可晶在自己繁忙的工作之余，仔细阅读了本书的前三章（包括一些逐字逐句的修改建议）。由于翻译此书和我在 CMS 国际合作组中的其他工作占据了我的大部分业余时间，她忍耐、操劳着生活的其他方面，使我很感动。儿女们在他们自身的紧张求学和工作中，也时常关注我的翻译进展，给予我鼓励，对此我非常感激。

我还要特别感谢杰若德和斯泰拉·提艾尔夫妇。他们作为非物理学家，怀着对本书的特殊兴趣，专门网购了本书的英文版。斯泰拉夫人是我近 40 年前的校友，1981 年到美国攻读学位。她长期从事生物医药领域工作，曾在乔治顿大学和斯坦福大学学习和做研究工作，曾经担任过旧金山湾区华人生物科技协会会长。虽然我们分别 30 多年以来一直没有机会重逢，但当他们得知我正在翻译此书后，以极大的热情参考英文版阅读了此书的每一章节，从一个非物理专业读者的角度满腔热忱地提出各种修改建议。尤其是最后几章，有几处英文表达的疑难段落，我们进行了深入讨论，使本书的翻译顺利结束。书中的几个庞大的表格也是她帮助编辑的。对此，我发自内心地表示感谢。

这是我参与的第二部译著。前一部是《居里一家》，在 2011 年秋出版发行（2016 年再版）。那部书是我和翻译专家、山东大学的王祖哲教授合译的。而本书的翻译工作由我独立完成，又是一番不同的经历。虽然我多年来与同事们几乎全部用英文进行工作交流，但在翻译一些章节时，对有些专业词汇的中文译法仍不太熟悉。遇到这些问题时，我得到过北京大学物理学院的赵光达院士和李强老师、中国科学院理论物理所的张肇西院士、中国科学院高能物理所的张闯和鞠长胜研究员的帮助。在此向他们表示诚挚的感谢。

最后，我深深地怀念和感谢我已故的父母，感谢他们生前几十年对我的教育和感染。他们曾反复教诲我"终生守着这条准则"，即"做什么，就好好地去做"，做任何事都必须实实在在，来不得任何弄虚作假。这也是我们在 LHC 上做研究的数千位物理工作者齐心合作奋斗几十年，最终发现希格斯玻色子的重要前提之一。值得强调的是，在我翻译这两部书期间，我还不得不和一些在我的科研生涯中遭遇的学术腐败的恶劣案例做持续地抗争。例如，有个别学生的学位论文抄袭剽窃了别人的论文中高达 75% 的文字，并且抄袭剽窃者十余年来自始至终没有任何悔悟的表示，还找了一些缺失学术基本道德或不具备资格的人千方百计地狡辩否认其 75% 的抄袭剽窃。令人欣慰的是，现在全国上下正在针对人民群众普遍关注的诚信缺失问题，针对经济社会和教育学术领域中突出的失信问题，进行集中整治，包括对论文造假、考试作弊的专项治理。我坚信，通过全社

会的努力，中国的科研和教育的学术诚信水平一定会得到提高，抄袭剽窃者终究
会在中国遭到无情的唾弃。

　　唯此，我愿将这部不寻常的书献给我已故的父母、现在的家人和下一代的孩
子们，以及给予此书巨大帮助的朋友和同事们。

　　此外，原书作者宝琳现在的主要工作是科普传播。我从 2004 年以来，也力
所能及地参与到这类工作中。原因之一是我认识到，实验粒子物理研究耗资巨
大，但几乎没有任何直接的经济效益（但在历史上也间接出现过对人类生活产生
了重大深远影响的成果，例如当今不分老幼每天都在使用的 WWW 万维网技术
就是约 30 年前在 CERN 发明的），而这些巨额资金都是来自世界各个有关国家
的纳税人。我们有责任向公众解释这些巨额资金的用途和使用成果，从而不断得
到广大公众的理解和持久的支持。我们在这方面的努力，使各国公众对科学的兴
趣大增；多年来，CERN 一直是最受访问日内瓦的公众欢迎的参观地点之一，有
时还名列榜首。我们还将一如既往，为争取广大公众继续支持我们深入探索人类
未知世界而不懈地努力。宝琳的这本书介绍得比较全面和详细，希望受到对物理
和宇宙有兴趣或感到好奇的读者的喜爱；另一方面，倘若有读者发现本书中某处
存有差错或叙述不清的情况，恳请您们通过电子邮件（我的邮址是 sijin.qian@
cern.ch）告知，我将由衷地感谢，一定争取今后以适当的方式给予修改和更正。
如果以后有机会，我将尝试把我十几年来向广大公众解释 CERN 和粒子物理的
经历作一总结，用更通俗的方式为更广泛的读者服务。

钱思进

北京大学　物理学院

2018 年 10 月

目录

章节摘要

第 1 章: 物质是由什么构成的

　　什么是物质的最小颗粒？它们如何相互作用而形成我们所观察到的、围绕在我们四周的所有物质？粒子物理的标准模型是当今描述所有这些粒子和它们之间相互作用的理论模型，它给了我们对物质世界的一个清晰的描述。该模型甚至可以预言这些粒子的行为直至非常高的准确度，这些粒子中的每一个粒子又有与之伴随的反粒子①。但是，几乎所有的反物质都神秘地从我们的宇宙中消失了。

第 2 章: 希格斯玻色子是怎么一回事

　　新闻媒体已经传播了这样一个信息，说希格斯玻色子把质量赋予了其他基本粒子。事实上，要产生基本粒子的质量需要三个要素：一种机制、一个场和一种玻色子。布鲁特－恩格勒－希格斯（Brout－Englert－Higgs）机制是一个数学形式，它通过公式描述一个物理实体（Brout-Englert-Higgs 场）。这个场简单地说就是我们宇宙的属性之一，类似空间和时间等其他属性。而希格斯玻色子则是这个场的激发态，就像一个波浪是海洋水面的一个激发态，希格斯玻色子的发现证实了这个场的存在。

第 3 章: 加速器和探测器：发现希格斯玻色子的基本工具

　　产生希格斯玻色子是欧洲核子中心（CERN）的大型强子对撞机（LHC）的

---

① 反物质是由反粒子构成的。——译者注

1

一个目标。LHC 先把质子加速到接近光速，然后同相向运行的质子进行对撞，这台加速器可以将大量的能量集中到空间中极小的一点。对撞产生的能量转化为粒子实体，这些对撞后产生的粒子绝大部分是不稳定的，产生后瞬间就分裂成碎片。位于对撞点上的探测器就像巨型照相机，捕捉这些短暂粒子的碎片。

第 4 章：希格斯玻色子的发现

通过整理在 LHC 上运行的探测器所收集到的成千上万亿个对撞事例，物理学家们可以选出少数几个有希格斯玻色子特征的事例。先进的统计方法使我们可以从所有其他类型的对撞事例中挑出希格斯玻色子，让科学家们实现"大海捞针"。

第 5 章：宇宙中黑暗的一面

标准模型在很多情况下效果非常好，但它只适用于整个宇宙内容的 5%。实际上，我们宇宙中的 27% 是由一种奇特类型的物质组成的，是某种被称为"暗物质"的神秘东西。剩余的 68% 的宇宙充斥着一种令人困惑的未知的能量①。

但是，有大量的证据证明暗物质是存在的，它在宇宙学中扮演着重要的角色，在所有星系的形成过程中充当着催化剂。我们可以利用引力透镜，通过暗物质的引力效应探测到它的存在。为了能够最先捕捉到暗物质粒子，现在若干实验或运行在深层地下，或安装在国际空间站上，或在欧洲核子中心的大型强子对撞机上，正在着手探测工作。

第 6 章：超越标准模型，邀请超对称理论来救援

不管标准模型是多么成功，它仍有一些缺陷：例如，它没有解释引力，也没有解释暗物质。显然，应该有一个包容更广的理论，它将基于标准模型，但是更深远。一个看起来比较合理且诱人的被称为"超对称"（SUSY）的理论非常受欢迎，这个理论有各种让我们满意的东西：它基于标准模型，把物质颗粒和相互作用力的载体颗粒统一在了一起，还配备了一种可解释暗物质的理想的候选新粒

---

① 因为没人知道它是什么，而被称为"暗能量"。——译者注

子。但是，SUSY 至今一直没有在实验中被发现。那么，这个理论假设仍有可能是正确的吗？哦，仍有可能！

第 7 章：基础研究能给我们什么好处

所有这些研究都不是免费的。这些花费值得吗？我的回答毫不犹豫："值。"多亏了基础研究，人类对我们周围的物质世界有更好的认识，这已经有很多实例。但是如果考虑基础科学所产生的所有其他效益，将举不胜举。科学研究活动培养出了一支训练有素的员工队伍，这些人在社会发展的很多方面做出了贡献。从基础研究派生出来的经济和技术成就使基础研究成为最佳投资之一，甚至就短期投资而言。

第 8 章：CERN 的实验：独一无二的管理和合作模式

数千个研究人员协同工作，没有直接的监管，自由地决定他们想在何时、何地和如何工作。这现实吗？这正是粒子物理研究中的大型合作组如何运行的模式。这种管理模式支持创新、个人主动性和赋予所有相关人员权力。它简单地依赖整个群体里共有的兴趣，一起去成功地完成他们的实验。这种模式也可能会使很多商业公司获益。

第 9 章：物理研究中的多元化

相比几十年前，现在更多的女性选择物理学研究工作作为她们的职业。但是在欧洲核子中心，尽管情况在持续改进，也只有 17.5% 的科学家是女性。为什么会这样？如何能使情况更好？女性并不是在这个领域里仅有的处于少数地位的群体。通过在性别、民族、性取向、宗教和体力等方面的多元化，科学一定能发展得更好，科学上的多元化将带来更强的创造力。

第 10 章：下一个重大发现将会是什么

作为本书的结论，我抽出我的水晶球①，针对科学发现来预言一下，在今后

---

① 西方占卜师通常在预言之前要做此事。——译者注

几年我们可能期待什么。特别是欧洲核子中心的大型强子对撞机于 2015 年重新启动①，在更高的对撞能量上运行，开启了新发现之门。这些突破可能彻底改变我们对周围物质世界的认识。

_____

① 在停机两年进行了检修和升级以后。——译者注

引言

你们中的很多人可能已经听说过 2012 年希格斯玻色子的发现和欧洲核子中心（CERN）的大型强子对撞机（LHC）。但是我们现在处在什么阶段？粒子物理学的下一个挑战是什么？下一个重大发现可能是什么？如果你希望更好地理解构成我们周围万物的粒子是什么东西，了解基础研究是如何进行的，并弄清楚现在粒子物理学的状况，请继续读下去。

这是一本为非专业人士撰写的图书，尽可能使用简单的术语。更专业一些的读者也会在这里找到"全局视角"，而它常常在人们开始专门的研究后就被不幸地忽略了。本书旨在用普通人能够理解的、更接地气的方式解释粒子物理学引人入胜的世界，而不必让数学或过于详细的解释模糊了主题。有一些好奇心应该足够了，阅读本书并不需要超出高中水平的高等数学或科学概念的预备知识。

这本书为了保留要点，省略了几个历史节点和数学细节。我们物理学家往往倾向于用绝对正确的嗜好来模糊主题，但这本书恰恰相反。虽然这本书在科学上是正确的，但它的目的是接地气，里面既没有公式也没有复杂的计算。任何拥有最基本兴趣的人都可以读完它而不至于过多地陷入困境，了解到那些诱发了成千上万个从事这类研究的科学家的激情所在。

然而，我也不想亏欠那些喜欢刨根问底的读者，因此在书中提供了他们可以期待的详细信息。这些细节已被收集到正文之中，以减少那些主要想了解概况的读者的阅读量。市场上还有几本更专业的书，可以让热心的读者更深入地阅读。

如果你是一个好奇的人，只是想知道你纳税的一部分是如何用于资助科学研究的，这本书就是为你准备的。你也可以从粒子物理研究中获得的非凡的知识中受益。如果你认为，更好地理解我们周围的世界而产生的愉快，还不足以证明为研究投入的巨额资金是合理的，书中将有一整章探讨基础研究带来的深刻的经济和社会影响。

在阅读此书时，如果觉得某一段似乎太难了一点儿，请继续读下去，或者跳到下一节；在阅读的过程中，复杂的程度并不会增加。从本质上说，每一章的阅读都可以独立于其他章节。所以如果你有一点儿失落（这有时候可能发生），请放心：所有的章节都以一个简短的总结结尾，在那里会再次概括该章最重要的信息。这些摘要将允许你跳过某一节甚至一整章来迎合你的需求。我希望通过这样的安排，每个人都能找到他或她所需要的东西——不论他们是在寻找新知识的好奇的退休人员，还是渴望开阔眼界的学生，又或者是我的亲朋好友和他们的邻居们。

这本书首先解释了粒子物理学的目标并描述了基本粒子物理世界。然后，我们会进入这个主题的中心，去发现希格斯玻色子的性质和它发挥的独特作用。我们将看到 LHC 上的基本粒子是如何产生的，物理学家们是如何探测它们的。再然后，我们将前进一大步，从无穷小到无穷大，认识到目前粒子物理学中所有的知识不过只解释了整个宇宙内容的 5%，其他的一切都有待发现。这表明另一个更广泛和更包容的理论不久就可能会取代目前的标准模型。

粒子物理实验的成功依靠的是一种独特的管理方式，每个实验的管理团队，按照预先约定的机制来协调各种活动，而不是把领导的观点和命令强加给人们。因此，来自几十个不同国家和地区的成千上万的科学家们从事着高度自治的工作，没有命令或直接的监督，仅仅通过共同的目标团结在一起：去发现物质世界是如何运转的。多样性意味着创造力，尽管已经在多样性发展方面颇有进展，但是粒子物理学仍然可以通过欢迎更多不同的性别、性取向、人种和体能的人们去

争取更丰硕的成果。

这本书以不久的将来作为结尾，并探讨未来 10 年或 20 年内粒子物理学的下一批重大发现。我们很可能处在一场巨大的科学革命的边缘，我希望我的书能帮你避免被甩在后面。你也可以从书中发现希格斯玻色子是怎么一回事，以及更好地理解当今物理学中的一些关键问题的其他重要课题。

>> 图 1：粒子动物园（Particle Zoo）的"希格斯玻色子"（BT）。
资料来源：粒子动物园（已获准）。

第 1 章

物质是由什么构成的

　　现存物质的最小成分是什么？它们是如何结合在一起构成我们所看到的周围所有的物质的？回答这个问题正是粒子物理学研究的目的。物理学的这一分支的目标就是寻找物质的最小（不能再被分解成更小的部分）颗粒，以及它们之间相互作用的方式。

　　假设有一个地方，那里所有的材料都是由乐高砖块搭制成的（见图 1.1）。那么，如果我问你"这些物质的最小的部分是什么"，答案将会很简单。拆开各种用乐高搭成的物体就足以看到构成这些物体最小的乐高砖块，从那里可以推

>> 图 1.1：如果所有的物质都是由乐高砖块搭制成的，基本粒子就是这些乐高砖块的样子。但在现实生活中，要去看搭建复杂物质的积木块是什么，将会难得多。
资料来源：宝琳·加尼翁。

断出，一个完全由乐高砖块构成的世界中的基本粒子是什么。所有的东西都可以由这些基本的砖块建成，所有现实世界的物质也同样如此：它们都是由"基本砖块"组成的，只不过这些不可分割的最小部分太小了，很难被看到。而且，要把物质分解成最小的成分几乎是不可能的。

关于"物质的最小颗粒是什么"这个问题由来已久。有史以来，很多人都提出了同样的问题。2500 年前，有两位希腊哲学家——留基波（Leucippus）和他的追随者德谟克利特（Democritus），当他们提出**原子论**时就已经有了正确的观念。这个学说指出，所有的物质都是由原子和空洞的空间组成的。在古希腊语中，**原子**的意思是"不可分割"，即不可分解成更小的部分。遗憾的是，19 世纪的科学家们太仓促地断定他们已经找到了这些不可分割的元素。于是，这个名字被错误地用在如今我们所说的**原子**上。然而，我们现在知道，这些原子是复合物体，可以分解为更小的组分。

最小的物质颗粒

那么，现实世界中的基本粒子是什么呢？要在现实世界中回答这个问题比在使用乐高砖块的假想世界中困难得多，因为我们很难看到最小的组件。但在物理实验室里，物理学家们可以看到。物质确实是由原子构成的，但是原子并不是最基本的。它们是复合物体，如图 1.2 所示。它们有一个包含质子和中子的原子核，电子在原子核的周围形成（概率）云。因此，原子大部分是由空洞的空间构成的。为了感觉原子的大小，想象一下原子核像你的身体一样大。然后，电子将比头发丝还细小，在约 20 千米以外围着你转。因此，物质主要由真空和一些基本粒子组成。我们现在来看看，它们是怎么抱在一起不散开的，以及物质为什么看起来像固体。

由此可知，原子由其他粒子组成。甚至质子和中子也不是不可分割的：它们是由夸克和胶子构成的，后者的作用是将夸克捆绑在一起。最终，在物质的核心里，唯一不可分割的粒子就是夸克和电子。我们稍后就会回来再谈胶子。

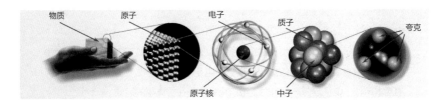

>> 图 1.2：所有物质都是由原子构成的，原子核里的中子和质子是由夸克组成的。在原子内部，只有夸克和电子是真正的基本粒子，即不可分割的粒子。它们不能被分解成更小的组分。
资料来源：CERN。

质子和中子的结构组分

质子和中子是由夸克组成的。我们通过组合两个上夸克与一个下夸克来获得质子。上夸克具有 +2/3 的电荷，即电子的单位电荷的三分之二。下夸克有 −1/3 的电荷。因此对于质子，我们具有上 + 上 + 下，或 +2/3 +2/3-1/3 = 1，从而电荷为 +1。中子包含两个下夸克和一个上夸克；因此我们有 +2/3-1/3-1/3 = 0，所以它是电中性的。

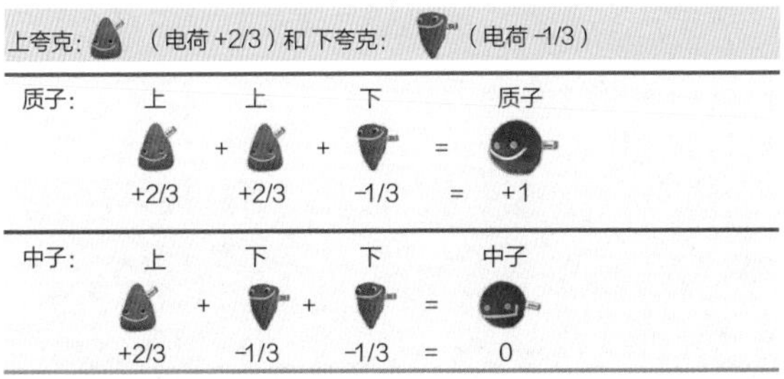

>> 图 1.3：质子和中子可以由上夸克和下夸克构建。
资料来源：宝琳·加尼翁，粒子动物园。

这在图 1.3 的示意图中由来自"粒子动物园"的"小生灵们"展示。朱莉·佩斯利（Julie Peasley）学的是缝纫，但热衷于做动物园管理员，她在参加了一次关于粒子物理学的公开演讲之后就开创了"粒子动物园"①。我将在整本书中使用她的粒子们。

___

① 朱 莉·佩斯利所有的毛茸茸的小粒子们都可以在"粒子动物园"网站上购买。

电荷

基本粒子的最著名的特性之一就是它们的电荷，因为它不仅表现在亚原子层面，而且也表现在我们的宏观尺度上。电子的电荷为 -1，这个数值构成电荷的基本单位。电子电荷产生电力，电流只是电子在导体里的运动。

电力与小溪里的水流非常相似，移动的电子就像水滴一样，每个都携带一个电荷单位，每秒通过的总水量给出水流量。类似地，每秒通过的电子总数给出**电流**，其强度以**安培**或每秒库伦为单位。在这些单位中，电子电荷仅为 1.6×10^{-19} 库仑，即 0.00000000000000000016 库仑。因此，每秒必须通过 600 亿亿个电子才能产生 1 安培的电流。**电压**，或**势能差**，则对应于海拔的变化：小溪向下流得越陡，水的能量越多。

在很长一段时间里科学家们都相信，电子的电荷是最小的电荷单位。然而，夸克具有该电荷的分数值，恰好是电子电荷的 1/3 或 2/3。这是为什么呢？我们不知道，正如我们不知道为什么不存在只有半个电子电荷的粒子。基本粒子的电荷总以电子电荷的倍数来表示，并且可以是正的或负的。电荷可以叠加：负电荷可以中和等量的正电荷。

电荷严格地遵守"**守恒**"规则：当一个粒子衰减时，即当一个不稳定的粒子分解成几个其他粒子时，次级粒子的所有电荷的总和必须等于初始粒子的电荷数。中性粒子可以分解成两个粒子，一个带正电，另一个带负电。携带负电荷的粒子可以衰变成一个负电粒子和一个中性粒子，或者两个负电粒子和一个正电粒子。电荷永不消失，也不会无中生有。

原子

质子、中子和电子足以组成包含 118 个化学元素的周期表中所有可能的原子（图 1.4）。接下来，118 个化学元素又可以以不同的比例组合，形成各种**分子**，它们是原子的堆积。原子和分子构成了我们所观察到的整个可见的物质世界，无论是在地球上还是在其他星球和星系中。

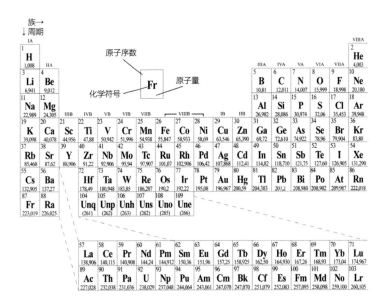

>> 图 1.4：人们可以通过以不同比例组合质子和中子以及电子获得 118 个化学元素，质子和中子都是由上、下夸克构成的。

资料来源：维基百科。

在原子里，电子围绕原子核旋转。那么，是什么让电子持续地旋转而没有掉到原子核那里去呢？它的工作原理就像一块石头拴在一根绳子上，有个人正在旋转这根绳子。[①]绳子将石头保持在圆形轨道上。如果这个人没抓住绳子，那石头会一直沿着直线往前走。只要我们抓住，绳子就会在石头上施加力量，不断地把石头朝我们手的方向往回拉，迫使它绕着圈走。

电子也是被一条"看不见的绳子"拉着，使其保持在原子核周围的圆形轨道上。只不过这根绳子是电子的负电荷和核中质子的正电荷之间的吸引力，这个力正像石头上的绳子一样作用在电子上。行星绕着太阳转也是这个道理，在这种情况下，重力是不可见的绳子。太阳中的物质产生了一个重力，它提供了保持行星在轨道上运行所需的力。所有的力就像"看不见的绳子"，作用于基本粒子或大

---

① 这个比喻只能维持到一定程度：原子里的绳子的"长度"是量子化的，也就是说，它只能取某些特定的数值，而不是任意的值。

的物体上。我们稍后会回来再讲这个问题。

总结：上、下夸克结合形成质子和中子。接下来，它们在原子核内进一步组合，再加入电子，得到原子。通过改变原子核中的质子数量，可以构建周期表中的 118 个不同的化学元素。最后，通过以各种比例组合原子，可以构建我们周围所有的物质。因此，我们看到的一切都可以从包含电子和上、下夸克的一套基本的结构集合中组建出来。

原子和同位素

质子、中子和电子足以形成构成周期表的 118 个化学元素的所有可能的原子：原子核中的质子数确定化学元素的性质。例如，氢原子核只有一个质子，而铁原子核有 26 个质子，铀原子核含有 92 个质子。每个原子含有相等数量的质子和电子，因此是电中性的。一个失去了一些电子的原子变为带正电，被称为**离子**。通过改变中子数量，可获得一种单一化学元素的各种**同位素**。

例如，三个碳同位素中的每一个原子含有 6 个质子，但它们的中子数不同，即 6、7、8。最稳定和最丰富的碳同位素原子核具有 6 个质子和 6 个中子，我们将其表示为 ^{12}C，表明它含有 12 个**核子**，其中"核子"代表质子和中子，即出现在原子核内的粒子。含有 8 个中子的碳同位素原子称为碳-14 或 ^{14}C，是放射性的。这仅仅意味着其原子核是不稳定的，并且最终将以特定的速率分裂成更小、更稳定的原子核。

碳-14 用于考古学中估算植物和动物的年代，它是在宇宙射线撞击空气中的氮原子时产生的。一个活的生物体总是摄取有固定比例的 ^{12}C 和 ^{14}C 混合物，但一旦它死了，身体中所含的碳-14 的数量就会稳定下降，因为它是放射性的，其存量不再补充。鉴于我们知道碳-14 原子大约需要 5730 年会衰减一半，所以动植物样品的年代可以从它仍然含有的碳-14 的数量中简单地估算出来。

标准模型

在过去的 50 年里，科学家们开发了一个非常精确的理论模型来描述物质的基本组成部分和作用在它们上的力。这个模型帮助我们根据其特性对目前观察到的所有粒子进行分类，该模型是在实验和理论的密切配合下形成的。物理实验室里的发现是理论物理学家们可以建立理论模型的基础，这些模型是对物质世界的有逻辑的和连贯的表述。通过实验观察，可以确认或排除各种理论。同样，理论上的假设可以指导实验工作者进行探索。

当前的粒子物理理论模型称为标准模型。它来源于两个相当简单的想法，在某种程度上就是模型的基本原则：

· **第一原则：** 所有物质都是由基本粒子组成的。

· **第二原则：** 所有这些基本粒子之间的相互作用是通过交换其他基本粒子来实现的。

经过近一个世纪的研究，我们现在知道，自然界中有 12 种基础的物质颗粒，都是基本粒子（图 1.5）。它们分为两类：轻子和夸克。

轻子

6 个轻子中最著名的是电子。2 个其他的带电粒子——μ 子和陶子，非常类似于电子，但重得多。所有这些轻子携带 -1 的电荷。

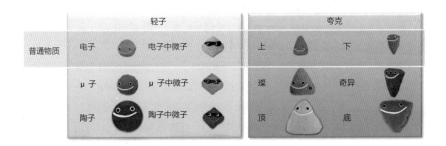

>> 图 1.5：物质的 12 个基本粒子：6 个轻子和 6 个夸克。

资料来源：宝琳·加尼翁，粒子动物园。

电子、μ 子和陶子都各与一种中微子"相关联"，即电子中微子、μ 子中微子和陶子中微子（我们称之为中微子的三种**味道**）。这 6 个粒子组成了轻子家族，这个家族包含**三代**轻子。每一代都包含一个带电的轻子及其相关的中微子。

每一代中的 2 个粒子的关联是通过联合成对地产生而显现出来。当电子产生时，它总是带有一个电子中微子或者一个称为正电子的反电子。

对于 μ 子和陶子也是如此：每一个都总是与自己的中微子或它的反粒子一起产生。例如，我们从未观察到与电子中微子一起产生的陶子。电子及其中微子都具有**电子味道**的特性，并且这种性质受到像电荷守恒规则一样的限制。当一对粒子形成时，一个粒子携带一种味道，另一个粒子携带相反的味道。如果中微子绝对没有质量，这种味道将像电荷一样是完全守恒的。但这并不总是正确的，正如我们将在下一节中看到的那样。

像中子一样，中微子是电中性粒子，但是要小得多，正如它们的名字意味着"小中子"。没有电荷，它们极少与物质相互作用。例如，地球表面每平方厘米的面积每秒钟都会承受来自太阳发射的 7 万亿个电子中微子的撞击。在所有这些中微子中，只有少数几个会与地球上的物质原子相互作用。其他中微子会穿越地球，甚至都不停下来打一声招呼！

中微子的质量

在很长一段时间里科学家们相信，中微子没有质量，但是这种观念随着物理学家们观察到一种非常特殊的称为"**中微子振荡**"的现象而发生了改变。该振荡是指，一个给定类型的中微子（例如电子中微子）变到另一种类型的中微子，或者成为 μ 子中微子，或者成为陶子中微子。这种质变只有在中微子具有质量的情况下才会发生。所以，观察到中微子振荡这种现象就确定了中微子确实具有质量。因此，我刚才提到的电子味道就不是完全守恒的。但是，由于中微子的质量极小，这种不守恒现象也很少见。只有当中微子穿越很远的距离时，我们才会观察到它。

雷·戴维斯（Ray Davis）是研究中微子的先驱之一，是第一个探测太阳发射中微子的人。他使用放置在美国明尼苏达州矿山底下的大型放射化学探测器，毫无疑问地确定，太阳发射出的所有中微子只有 1/3 到达了地球。来自太阳的中微子数量是用描述太阳产生能量的理论模型估计的。雷·戴维斯为此进行了 30 年的研究，他的工作使他分享了 2002 年的诺贝尔物理学奖。

然而，他的测量留下了一个巨大的、尚没有答案的问题：太阳发出的其他 2/3 的中微子到哪里去了呢？后来，位于加拿大安大略省北部萨德伯里（Sudbury）一个矿区深处的实验室——萨德伯里中微子天文台（SNO）的物理学家们回答了这个问题。他们证实，事实上，太阳发射出来的一些电子中微子在其传播过程中变成了 μ 子中微子或陶子中微子。这种振荡现象解释了那些 2/3 太阳中微子的看似消失。之前，雷·戴维斯的探测器只对电子中微子敏感，这是由太阳产生的独特的中微子类型。但是 SNO 探测器使用了重水，它是一种对所有三种类型的中微子都敏感的物质。日本研究人员已经在"大气"中微子里观察到振荡，那些中微子是宇宙射线撞击大气中的粒子时产生的。

SNO 的探测器能够验证，来自三种不同味道的中微子的总数确实等于太阳产生出的预期的中微子数量。SNO 确定了中微子振荡发生在太阳中微子上，证实它们具有质量。然而，它们的质量很小，即使我们知道它不为零，但是仍然不能准确地测量它。没有什么比中微子更诡异的东西了！由于发现了中微子振荡，2015 年诺贝尔物理学奖授给了日本的梶田隆章和加拿大的亚瑟·B. 麦克唐纳德（Arthur B. McDonald）。

虽然如此，这一观测还是对标准模型提出了挑战，尽管标准模型并没有预言任何基本粒子的质量。但是，由于中微子是如此的特殊，所以要在模型中加入中微子的质量可能是很棘手的，它是唯一没有电荷的物质颗粒。那么什么样的粒子是中微子呢？电子与它的反粒子（正电子）不一样，因为一个带有负电荷，另一个带有正电荷。但中微子是中性的，因此中微子可能是自己的反粒子。这将是标准模型中唯一的这样的费米子 [1]。这是什么意思呢？如果中微子是自己的反粒子，那么它可能与其他粒子获得质量的方式不同。此外，中微子质量如此之小的事实，表明它的质量是特殊的。因此，这引出了几个尚未被回答的问题。

正如我们将在第 6 章中看到的，这是我们掌握的许多线索之一，而这些线索告诉我们，标准模型具有缺陷，所以必须开发新的模型。中微子物理学是粒子物理学里的一个完整的分支，已有一些专著专门讲述它。本书将不涉及这个话题，有兴趣的读者可以查询，如雷·贾亚瓦哈纳（Ray Jayawardhana）的《狩猎中微子的人们》[2]。

---

[1] 见本章后面的"费米子和玻色子"注释框。——译者注

[2] 《科学美国人》期刊，法劳·施特劳斯·吉罗出版公司（FSG 出版公司），2013 年。

夸克

除了轻子之外，还有**夸克**，它们形成了第 2 个基本粒子家族。它们有 6 种味道或类型：我们已经熟悉了在质子和中子里发现的上、下夸克。然后来到的是**璨**和**奇异**夸克，最后是**顶**和**底**夸克。后者也被称为**真实**和**美丽**，虽然"顶"和"底"更常用。选择这些名字的部分原因是因为好玩儿，部分原因也是因为发现它们的科学家们不明白为什么会有这么多的夸克，及它们之间到底有什么区别。被发现的第 3 个夸克是**奇异**夸克，它就是由于具有令人惊讶的长寿命而得名。

没有人知道为什么夸克和轻子有 3 代，而且每代还有非常不同的质量，也没有人知道为什么只需要第一代的夸克和轻子去构成原子，从而构成我们周围所发现的所有的普通事物。想象一下，如果一堆乐高积木里含有大小相差很大的砖块，情况将如何？而且，如果有些乐高砖块从来就用不上呢？这些是粒子物理学家试图解释，且尚未解决的许多问题中的一部分。

除了宇宙射线中的 μ 子之外，第 2 代和第 3 代的粒子都没在自然界中发现。虽然所有这些粒子都存在于宇宙大爆炸之后，但现在宇宙已经冷却了太久，以至于没有足够的能量去产生它们。[①] 但是，我们可以在实验室里产生所有这些粒子，这就是我们之所以能够知道它们存在的原因。

相互作用力的载体

还记得标准模型的第二个基本原则吗？基本粒子通过交换其他基本粒子而相互作用，那些其他粒子是**作用力**的载体，即我们之前提到的那些"不可见的绳子"。作用力的载体具有一些特征，这些特征使它们被归属到称为**玻色子**的一大类粒子中去，而物质颗粒，即夸克和轻子，被归属到被称为**费米子**的另一大类粒子中（见本章后面的"费米子和玻色子"注释框）。

———————

① 我们将在第 2 章中看到，质量和能量之间存在着等价性，这意味着当有足够的能量时粒子可以被产生出来。

通过交换这些作用力的载体，其他粒子感受到与作用力载体相关联的作用力的效应。这有点儿像两个人在冰上滑冰而且并行移动着，如果一个滑冰者向另一个人投掷了一个沉重的雪球，后一个滑冰者会感受到这种影响，这将使他偏离初始轨迹。同样地，前一名滑冰运动员将从他的投掷中反弹，也将偏离他的初始方向。你可以自己测试一下：穿上一双溜冰鞋，往前方扔一个沉重的物体。如果你的溜冰鞋已经消除了所有的阻力和摩擦力，而且如果你设法不摔倒，你会感觉到反冲。如果你试图接住一个扔给你的沉重物体，你会感觉到同样的效果，这种反冲与开枪射击时遇到的情况相同。

基本相互作用力

有四种基本相互作用力：强相互作用力、电磁相互作用力、弱相互作用力和引力。强相互作用力是最强大的力，但它只能在很短的距离内起作用，并且只作用在夸克上，这是夸克与轻子的区别所在。强相互作用力的载体（图 1.6）是**胶子**，正如其名称所表明的那样，它把夸克"胶"在一起，且它是没有质量的粒子。这个力强大到足以把夸克保持在质子和中子里，并克服质子之间的电斥力。其影响几乎不超出中子和质子的半径，但是足够将它们保持在原子核里。其影响的范围限于原子核的大小，即 10^{-15} 米或 0.000000000000001 米 [1]。

在强度递减顺序中第二强的相互作用力是由光子携带的电磁力，两个带电粒子通过交换光子而"感觉"彼此的存在。这就是两个电荷之间的吸引力或排斥力的建立方式，这取决于它们是否具有相反或相同的电荷符号。

只影响带电粒子的电磁力在我们所有的生活中起着至关重要的作用。椅子腿里的原子和它所在的地面上的原子之间有一个电排斥力，没有它，你的椅子就会穿过地板。原子的结构里大部分都是空的，但是表面附近的电子产生的电场的排斥力使得所有的东西看起来都是完全坚硬的。通过想象原子被弹簧包围着，人们

---

[1] 我用**科学记数法**来简化文本。例如，对于 10^5 年，取一个 1，再加 5 个 0，就产生了 10 万年。负指数代表（比 1 小的。——译者注）分数。所以，要转换 10^{-5} 秒，从 1.0 开始，然后将小数点向左移动 5 个位置。因此，得到 0.00001 秒或 10^{-5} 秒，这比十万分之一秒简单。

可以体会到这个电场的影响。为了使两个原子彼此靠近，需要压缩这些弹簧。弹簧被压缩得越多，阻力会越来越大，使得两个原子不可能太靠近彼此。最后，这确保了由原子堆积起来的物质看上去是坚实的、紧凑的和不可穿透的；而事实上，如前所述，它的内部大部分是空的。

玻色子

| 胶子 | 光子 | W 和 Z 玻色子 | 引力子 |
| 强相互作用力 | 电磁相互作用力 | 弱相互作用力 | 引力 |

>> 图 1.6：与基本相互作用力相关的 6 个玻色子。通过彼此交换或"投掷"玻色子，粒子们感受到与这些玻色子相关联的力的作用。
资料来源：宝琳·加尼翁，粒子动物园。

第三种力量是弱相互作用力，负责粒子衰减和放射性的力，它由 3 个玻色子承载。W^+ 和 W^- 玻色子都带有一个单位的电荷，一个是正电，另一个是负电。还有 Z^0 玻色子，它是电中性的。弱相互作用力作用在所有的物质粒子上，包括轻子和夸克。如果我们因为中微子的质量很小而忽略引力的话，它就是作用在中微子上的唯一的力。

最后一种相互作用力，引力，是让你现在正舒适地坐着或躺着进行阅读的力量。当然，除非你正在国际空间站里阅读这本书[1]，那里的人们处于失重的状态[2]。然而，引力仍然是所有相互作用力中最神秘的。在夸克的尺度上，引力比电磁相互作用力弱了 10^{41} 倍，即小了 10 亿亿亿亿亿倍。

——————————

[1] 如果真是这样的话，请告诉我！

[2] 在这种情况下，发生失重是因为国际空间站（ISS）总是朝下落向地球。正如在本章前面提到的例子中的那块拴在一条绳子上沿着圆形轨道旋转的石头，如果不是因为地球的引力不断把它拉回地球，ISS 就会继续保持直线的轨迹，永远前行。这个拉力相当于空间站自由落向地球，与 ISS 围地球转的离心力相抵消从而造成失重。

与其他相互作用力相比,引力在粒子尺度上的效果可以忽略不计,真的需要数量为天文数字的物质才会感受到它的影响。为了看到引力和电磁相互作用力之间的强度差异,想想冰箱外壳上贴着的小磁铁就足够了:人们可以轻易地把装有磁铁的小物件贴在冰箱壁上而掉不下来。物质的这一基本属性是冰箱磁铁贴在世界范围内热销的原因。

引力是唯一一种我们还不知道它的载体的相互作用力。但是自 2016 年 2 月以来,由于激光干涉仪引力波天文台(LIGO)科学合作组的工作,我们现在已经有了引力波存在的第一个直接证据[①]。但是,到目前为止,这一发现只是建立了这些引力波的经典性质,它们的量子特征尚未被探测到。如果引力波确实像电磁波一样被量子化,那么它们也将成为带有一种作用力的载体,称为**引力子**,LHC 有可能发现它。然而,引力波这个重大的突破已经使天文学家们不仅可以用电磁波(可见光、无线电波、X 射线,等等),而且可以用引力波来探索宇宙。天晓得,由于没有任何东西可以阻碍引力波的传播,我们可能很快就会对宇宙最初的时刻有更多的了解。宇宙大爆炸的回声至今仍在宇宙里漫游的引力波中有迹可循。

费米子和玻色子

物质的颗粒,轻子和夸克,都属于一类被称为**费米子**的粒子,而相互作用力的载体是另一类被称为**玻色**子的一部分。这些粒子的类别名称由两位著名的物理学家的名字命名:意大利的恩里科·费米(Enrico Fermi)和印度的萨特延德拉·纳特·玻色(Satyendra Nath Bose),是他们对这两类粒子进行了研究。这样的分类不仅仅是一个简单的名称问题,它表示了这两类粒子有着完全不同的行为。事实上这两类粒子具有不同的**自旋**值,自旋只是解释各种基本粒子的另一个属性,正如它们的电荷和它们的质量那样。自旋表示它们的**角动量**,这是一种与其旋转相关的度量,如名称所示。

在无穷小的世界中,一切都变得"量子化",也就是说,某些属性,诸如电荷、自旋或夸克的**颜色**(使它们对强相互作用力做出反应的属性)等,只能取特定的值,例如 1 或 1/3 或 1/2。只有这些基本数值的整数倍才被允许称为量

---

① 2017 年诺贝尔物理学奖颁发给 LIGO 科学合作组中三位贡献卓越的物理学家。——译者注

子数（因此产生了"量子物理学"一词）。那些允许的值就像楼梯上的台阶：我们可以站在第一阶或第二阶，但没法站在它们之间。如果每一阶都是 20 厘米高，你站的高度只能是 20 厘米的倍数。

量子数表示某些量可以采取的离散值（与连续值相反）。物质颗粒，即费米子，具有的总自旋值为 1/2。这给了它们两个可能的取向：朝上的 +1/2 或朝下的 -1/2。而相互作用力的载体，即玻色子，具有整数自旋值（整数而不是分数的数值），如 0、1 或 2。费米子类和玻色子类遵循不同的统计规律，费米子的一个强制性规则是两个全同的粒子不能以相同的量子态（所有量子数全同的状态）处在同一个位置上。

电子属于费米子类。如果我们想在同一个地方放置两个电子，例如放在一个原子内的同一个电子轨道上，它们的各种量子数中的一个必须不同。正如我们刚刚看到的，只有两个可能的自旋取向，朝上或朝下，即 +1/2 或 -1/2。这意味着最多只能有两个电子可以在相同的原子轨道上共存，因为这两个自旋取向是唯一的可能性。因此，原子要有若干电子层才能容纳所有的电子。其产生的后果也是众多的，因为所有的各种化学反应都是受组织电子进入不同的轨道所支配着，这被称为**泡利（Pauli）不相容原理**。

另一方面，允许处于同一状态的玻色子的数量是没有限制的，该属性解释了超导现象。这是怎么一回事呢？**超导性**就是一种全部电阻完全消失，电流自由流动的状态。如果一个电流注入超导体，这个电流将无限期地循环。所以，如果您的电动割草机是用超导材料制成的，那么只需将其插入电源插座一次让电流流进割草机，即使断电后机器也会无限期地继续转下去。但是，虽然电流在一个超导电动割草机里可以永远流动，但整个机器还是会在割草和摩擦中消耗能量，而最终停下来。为什么我们不能更多地使用这个奇妙的特性来节省能源呢？问题在于，要成为超导，材料（根据其种类）需要冷却到 -151℃ 和 -273℃ 之间。这使实际应用变得很困难，但可能这又是一件好事。否则，夏天的生活将是地狱，因为割草机会不停地在转！

当重新组成一对电子时，两个电子成为一个玻色子，因为如果两个半整数自旋以相同的方向排列，相加为 1，否则为 0。在一个超导体里，允许所有的电子对处于相同的状态。每个电子对都可以具有与其他电子对完全相同的量子数，因为这是玻色子所允许的。于是，两个电子对可以自由地交换位置。

在超导体中，所有的电子对都可以与另一对交换位置，而不产生任何散射，因此没有任何电阻。所有这一切看起来非常像在舞池中移动的舞伴们，如果大家在华尔兹曲调中朝着同一个方向移动，那么舞伴们就不会碰撞。

然而，让我们回到玻色子：为什么物质的粒子有半整数的自旋值，而相互作用力的载体有整数的自旋呢？我们不知道。这个耐人寻味的差异可能需要通过**超对称**来解决，我们将在第 6 章中看到。

反物质呢？

每一粒物质都有与其对应的反物质。例如，电子的反粒子是正电子。正电子具有与电子完全相同的质量，但其所有量子数（电荷、自旋、电子味道）都被反转。以这种方式，即使是电中性的粒子也具有其反粒子。例如，一个反中子由一个**反上**夸克和两个**反下**夸克组成。中微子可能是它自己的反粒子，尽管这还没有确认。当粒子遇到其反粒子时，两者湮灭，只留下它们的等效能量。6 个夸克和 6 个轻子中的每一个也同样如此：它们都有反粒子。

在实验室的实验中，我们总是产生几乎完全相等数量的物质和反物质，就好像两者是平等的。然而，在浩瀚的宇宙里，环顾四周，几乎没有任何反物质的痕迹。当发现某些反物质时，它总是微量的，例如在宇宙射线中。在实验室里，可观察到正物质出现的概率高出一点点。但是这个差距太小，无法解释为什么我们实际上在宇宙中只能发现正物质。

如果物和反物质从纯能量中几乎等量地被产生出来，同样的规则也应该适用于宇宙大爆炸之后的片刻，那时惊人的能量以成对的粒子和它们的反粒子的形式成为物质，那些粒子和反粒子又可以与其他粒子结合或相互湮灭。正物质是什么时候以及如何占了反物质的上风？所有的反物质发生了什么情况而不见了？宇宙学家们相信，它不可能隐藏在宇宙的某些角落里，而不暴露出它的存在。物质和反物质迟早会相遇，产生最终将能被探测到的能量烟花。因此，这是物理学的一个巨大的谜团，许多物理学家正在努力研究这个难题。在 CERN 的 LHC 上运行的 LHCb 实验，其主要目标就是解答这个问题。CERN 的反物质工厂也正在进行几项实验（参见以下"CERN 的反物质实验"一栏）。

CERN 的反物质实验

　　如果物质和反物质总是以几乎相等的数量被产生出来，那么在大爆炸后本应该存在于宇宙中的所有的反物质到哪儿去了呢？要回答这个问题，必须先验证反物质和正物质是否具有相同的性质。CERN 正用一台专门的机器，即反质子减速器（或 AD）来支持一个庞大的反物质研究计划，这就是 CERN 的反氢工厂。该工厂的目的是比较反氢原子（图 1.7）与普通氢原子的行为。选择氢是因为它是所有原子中最简单的，只有一个电子围绕着只含有一个质子的原子核旋转。反氢原子是普通氢原子的复制品，由一个带正电荷的正电子（反电子）和一个反质子去替换普通氢原子里的普通电子和质子。要在实验室里做比氢更复杂的替换是不可能的。即使是产生一个氘的反原子，只包含一个反质子、一个反中子和一个正电子，也要比产生一个反氢原子难 100 万倍。每再附加一个质子或中子将再降低 100 万倍的产生反原子的概率。

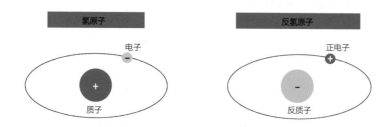

>> 图 1.7：普通氢和反氢原子的示意图。
资料来源：宝琳·加尼翁，粒子动物园。

　　所有的物质在被激发时都会发光，例如当一块金属被加热时。发出的光可以显示产生它的是什么原子。当氢原子中的电子从一个轨道跃迁到另一个轨道时，它发射或吸收特定频率（或颜色）的光。**光谱学**研究包括分析原子发射的光的所有颜色并建立其光谱，这可以用棱镜来完成。CERN 的两项实验，称为 ALPHA 和 ATRAP，涉及反氢的光谱。其中一个实验也可以研究反氢光谱的 "超精细结构"，这对应于原子核与正电子自旋之间的相互作用。ALPHA 和第三个实验，ASACUSA（图 1.8）将会检查这种反氢的超精细结构。在这两种情况下，研究人员将观察反氢原子吸收的具体光频率，然后将其与已知的普通氢的光谱进行比较。

　　为了产生反氢原子，首先我们必须降低反质子的速度，使其能够在正电子附近足够缓慢地通过，以吸引它们并形成反氢原子。研究人员使用磁场将反质子与正电子结合起来，该磁场防止反质子和正电子与普通物质接触，这种接触将导致它们立即湮灭从而无法产生反氢原子。最后一步是将反氢原子移离该磁场，以便研究其超精细结构。否则，强磁场会降低可获得的测量精度。ALPHA和 ATRAP 在 2010 年成功地捕获了反氢原子，为未来的光谱学研究迈出了一大步。

　　与 LHC 束流中的质子不同，反氢原子是中性的，不能被电场控制。然而，反氢原子的行为就像一个微小的磁铁。人们可以使用不均匀的磁场操纵这些微观磁体，并获得一束反氢原子。ASACUSA 已经设法产生了这样的束流，最后的一步是测量光谱的超精细结构。

>>　图 1.8：CERN 的反质子减速器大厅里的 ASACUSA 实验视图。ASACUSA 的目标是测量反氢原子的超精细结构，然后与普通氢进行比较。目的是检查物质和反物质是否具有全同的性质，以解释反物质从宇宙中消失的原因。
资料来源：CERN。

　　另外两个实验，AEGIS 和 GBAR，旨在重新测量引力常数，不过是使用反物质测量。要做到这一点，必须检查反氢原子是否像普通氢原子一样与地球的引力相互作用。不幸的是，这不能简单地像伽利略当初那样，用两个不同质量的球对重力加速度常数 g 进行的测量，从比萨斜塔的顶部往下滴反氢原子。现在所需的设备稍微复杂一点，研究人员将首先用普通氢原子测试他们的设备，以确保一切正常运行。一旦确定好了测量方法，他们将用反氢原子重复这个实验。这肯定不会很容易，但如果成功，这些测量就可以提供一些答案。那时我们将知道反氢是否是普通氢的镜像。这将揭示反物质是否与普通物质不同，并提供一些关于为什么它们从宇宙中消失的线索。

适合各种口味的粒子们

标准模型与 20 世纪上半叶的理论相比，大大简化了粒子世界。在观察了整个粒子（今天有 200 多个）动物园很久之后，夸克的想法出现了。20 世纪上半叶以前，这个动物园里包括诸如质子、π 介子、K 介子、欧米伽、拉姆达和西格玛等粒子：

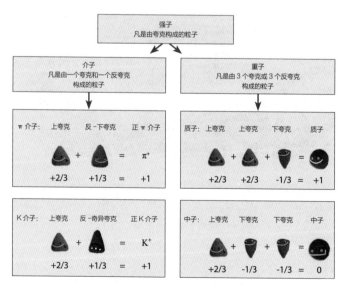

>> 图 1.9：凡是由夸克构成的粒子都是强子。强子家族包括介子（例如，π 介子和 K 介子）和重子（诸如质子和中子）。

资料来源：宝琳·加尼翁，粒子动物园。

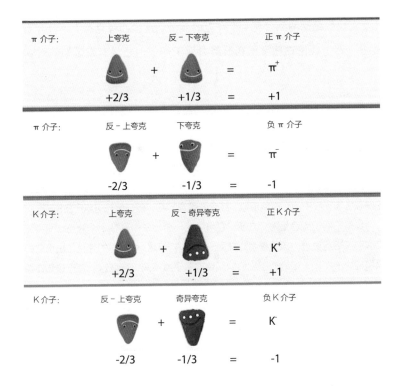

>> 图 1.10：介子属于强子家族，包含一个夸克和一个反夸克。

资料来源：宝琳·加尼翁，粒子动物园。

几十种中性的、带正电的和带负电的粒子。但是在 1964 年，盖尔曼（Murray Gell-Mann）和兹威格（George Zweig）开发了夸克模型，大大简化了动物园的图像。

直到那时，科学家才意识到所有的这些动物园里的粒子们是由夸克构成的。如今，我们把所有由夸克构成的粒子称为**强子**家族（来自希腊语的 hadros，意思是"强"）（图 1.9）。一些强子，如 π 介子和 K 介子，由一个夸克和一个反夸克组成。强子家族的这个分支对应于**介子**（来自希腊语的 mesos，"中间"的意思）（图 1.10）。其他，如质子和中子，由 3 个夸克组成；我们称它们为**重子**（来自希腊语的 barus，"重"的意思）。

然而，尽管这个简单的模型是成功的，它也开始出现裂隙。2003 年以来，几个实验已经探测到含有 4 个夸克的粒子。这些**四夸克态**[①]不符合当前的夸克模型。若干理论物理学家在很努力地工作，但还没有发现如何对其进行解释。

费米子和泡利不相容原理

正如我已经提到的，夸克有一个称为**颜色**的量子数或属性。每种味道，即 6 种类型的夸克中的每一种，实际上有 3 种不同的颜色：红色，蓝色和绿色。这些颜色与光学中的三原色相似。结合同等量的红、蓝、绿光可以产生白光。

具有不同的颜色是为了方便：它可以使一个质子中具有 3 个夸克，而不违反泡利不相容原理，该原理禁止在同一个地方具有 2 个相同的夸克。由于它们的属性之一不同，即对应于它们的颜色的量子数不同，所以这些夸克被允许处在同一个地方。

强子只允许使用白色（或中性）组合。对于重子来说，这很简单：只需要组合 3 种不同颜色的 3 个夸克。对于介子，由一个夸克和一个反夸克构成的粒子，我们取一种颜色的夸克，并将其与具有互补色的反夸克相关联。红色夸克可以与反红色的反夸克相结合，最常见的介子是 π 介子（由一个上或下夸克和一个上或下的反夸克构成）和 K 介子 [包括一个奇异的夸克（或反夸克）和一个上或下的反夸克（或夸克）]。你可能会好奇，由一个上夸克和一个反上夸克，或者一个下夸克和一个反下夸克形成的中性 π 介子，怎么可以设法不湮灭？那就需要与自旋有关的量子数来救援。具有不同自旋取向的两个粒子可以组合起来，一个向上（+1/2），另一个朝下（-1/2）。其中一个量子数之间的这个差异阻止了它们的立即湮灭。

标准模型的威力

标准模型的两个基本原则相当简单：所有的物质都是由基本粒子（费米子）构成的，并且这些粒子通过交换其他基本粒子（称为玻色子的作用力载体）而相互作用。这个理论带有一整套复杂的方程，从而使理论物理学家能够做出非常精

---

① 要了解更多的关于四夸克的信息，请参见相关网站。

确的预言。

标准模型在粒子之间建立了几个关系。它可以预测产生各种粒子的概率，以及这些粒子分裂成其他粒子的频率。它还可以预测出每一种可能的衰变类型应该发生的比例。在标准模型里的一些计算甚至已被检验到小数点后第 9 位！这是一个威力非常强大的理论，但不幸的是，它也是一个有缺陷的理论，正如我们将在第 6 章看到的。这正在迫使理论物理学家们寻求一个更好更全面的理论。这个尚未定义的理论应该解释什么是所谓的"新物理"，我将在以下章节中再讨论这个问题。

本章要点

标准模型告诉我们，所有的物质都是由基本粒子——12 个**轻子**和**夸克**构成的。每个粒子都有自己的反粒子，所有这些粒子属于**费米子类**。这些物质颗粒通过交换其他称为**玻色子**的粒子而彼此相互作用。图 1.11 中的粒子是仅有的已知粒子，它们不是由其他东西构成的，因此这些是基本粒子。

>> 图 1.11：粒子物理的标准模型。

资料来源：宝琳·加尼翁，粒子动物园。

通过结合上、下夸克，我们获得了质子和中子，它们又形成原子核。通过添加电子，我们得到原子并且可以通过改变原子核中质子的数量形成 118 种不同的化学元素。因此，我们周围所看到的一切都可以由包含电子和上、下夸克的建筑材料构建出来。

两类粒子，费米子和玻色子的行为完全不同。我们既不知道为什么存在这种区别，也不知道为什么基本粒子具有不同的质量，或者为什么它们会有三代。对于解释宇宙大爆炸之后所产生的所有反物质都跑到哪儿去了，我们也毫无头绪。我们不明白为什么引力比其他相互作用力弱这么多。换句话说，我们有一个真正美丽的理论模型，大大提高了我们对物质世界的了解，但它仍然留给我们几个尚未解决的问题。

第 2 章

希格斯玻色子是
怎么一回事

　　正如我们现在所知道的和第 1 章所描述的那样，当阿布杜斯·萨拉姆（Abdus Salam）和史蒂芬·温伯格（Steven Weinberg）将前几年由其他几个人开发的思想结合在一起时，粒子物理的标准模型在 1967 年才出现。但是早在 1961 年，谢尔顿·李·格拉肖（Sheldon Lee Glashow）就成功地统一了标准模型所描述的两个基本的相互作用力。从那时起，电磁相互作用力和弱相互作用力已经在相同的理论框架下以**电弱相互作用力**的名称来描述。

　　在 1964 年，那时的物理学家们仍然无法解释基本粒子如何获得质量。当时存在的理论模型及其相关的方程只能产生无质量的粒子，而众所周知，几乎所有的粒子都有质量（只有光子和胶子没有质量）。质量的重要性是无可估量的，它是所有基本粒子的基本属性。我们也可以从宏观的角度来看它，尽管如我们下面将看到的，复合物质的质量并不是真的来自其组成部分的质量。

　　1964 年，我们在图 2.1 中看到的那几个理论物理学家正在寻找一种方法，来给当时被认为是与强相互作用有关的玻色子赋予一个质量。为此，他们开发了一个以 Brout-Englert-Higgs 机制命名的、现在被大家所熟知的数学模式，该机制的命名用了首先提出此模式的三个人的名字。这些理论物理学家只是在当时众多前人发展的理论基础之上加上自己的贡献。彼得·希格斯于 2013 年 7 月在斯德哥尔摩举行的年度最大的粒子物理学会议上发表的演讲中，坦诚地强调了这一点，三个月之后他同弗朗索瓦·恩格勒一起，分享了当年的诺贝尔物理学奖。

>> 图 2.1：1964 年，对现在称之为 Brout-Englert-Higgs 机制做出贡献的理论物理学家们：从左到右，汤姆·基布尔（Tom Kibble），杰拉尔德·古拉尔尼克（Gerald Guralnik），卡尔·哈根（Carl Hagen），弗朗索瓦·恩格勒（François Englert），罗伯特·布鲁（Robert Brout）和彼得·希格斯（Peter Higgs）。[1]
资料来源：维基百科和 CERN。

那么如何把质量赋予基本粒子呢？实际上，需要三种不同的要素。我们将在本章详细介绍它们。这三个要素是：

1. Brout-Englert-Higgs 机制。

2. Brout-Englert-Higgs 场。

3. 希格斯玻色子。

下面，让我们看看这一切是如何工作的。

Brout-Englert-Higgs 机制

当这个机制在 1964 年被提出时，理论物理学家的目的只是为了把质量赋给一些玻色子。直到 1967 年，史蒂芬·温伯格和阿卜杜斯·萨拉姆才利用 Brout-

---

[1] 逸闻：此照片是两张拼接起来的，因为据说自从 1964 年他们分别独自发表 Brout-Englert-Higgs 机制的论文后，希格斯教授与其他五位理论物理学家们从来没有相遇过。希格斯教授和恩格勒教授直到 2012 年 7 月共同出席 CERN 举办的宣布发现希格斯玻色子的科学报告会上才第一次相遇，如图 4.7 的说明所述。——译者注

Englert-Higgs 机制的想法把质量赋给 Z 和 W 玻色子以及轻子。[①] 后来,这个机制也应用于夸克。因此,这个数学模式是在标准模型诞生之前提出来的。现在,它被用来重塑标准模型的公式。

　　电弱相互作用力伴随着 4 个传递相互作用的载体,4 个称为玻色子的粒子,因为如前一章所述,它们具有整数自旋。这 4 个玻色子是无质量的光子以及都具有质量的 W⁺, W⁻ 和 Z⁰ 玻色子。如果没有 Brout-Englert-Higgs 机制,那么描述这两个统一起来的相互作用力的方程会产生 4 个玻色子,但是它们都没有质量。因此,从理论推导出来的玻色子与这些相互作用力相关的真实粒子并不符合,因为我们知道其中 3 个其实有质量。

　　但是,如果我们将 Brout-Englert-Higgs 机制应用于标准模型,它就提供了一种方法把质量给予一些玻色子。这种机制通过在描述电弱相互作用力的公式里简单地添加几个对应于一个新场(我们将在下面的章节中详细介绍)的小的公式项,来改组这个公式,这个聪明的窍门允许我们重新排列最初的公式。在新的公式里,有 4 个玻色子和以前一样,但是这次它们中的 3 个都有质量了,这个机制"打破了最初的对称性"。换句3话说,我们从 4 个相同的无质量玻色子开始,成功地保存了一个无质量玻色子并获得了 3 个重(大质量)的玻色子。这 4 个玻色子现在完全符合自然界所观察到的:一个无质量玻色子(光子)和 3 个重的玻色子(W⁺, W⁻ 和 Z⁰ 玻色子)(表 2.1)。

表 2.1:电弱相互作用力的 4 个玻色子

	质量	电荷
光子	0 GeV	0
W⁺	80.4 GeV	+1
W⁻	80.4 GeV	−1
Z⁰	91.2 GeV	0

[①] 如前一章所见,轻子对应于一类粒子,包括电子、μ 子、陶子和三种中微子。

Brout-Englert-Higgs 机制不仅仅是重新构建公式的简单技巧。它用数学术语描述了一个非常真实的物理实体，现在这被称为 Brout-Englert-Higgs 场。Brout-Englert-Higgs 机制是打破标准模型的公式中的对称性所必需的，因此揭示了一个新的场的存在。

Brout-Englert-Higgs 场

正如我们将要看到的，这就是赋予所有粒子质量的那个场。但是场是什么东西？你可能听说过磁场、电场和引力场。所有这些场都是看不见的，但其效果是可以感受到的。例如，磁铁产生磁场。当磁铁吸引金属物体或用它在冰箱上固定一个小物体时，我们会感受到它的影响。但是，我们可以通过简单地将铁屑撒在磁铁上方的一张纸上或撒在磁铁上来真正地显示磁场的磁力线，如图 2.2 所示。

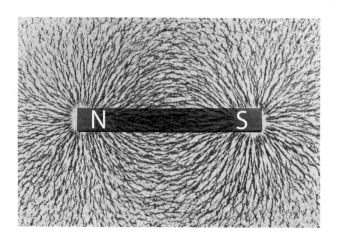

>> 图 2.2：我们可以简单地通过喷撒铁屑来显现小磁铁的磁场。
资料来源：维基百科。

同样，一个电荷产生一个电场。任何其他电荷经过这个电场的附近时将感受到它的影响，并将沿着电场线移动。太阳和地球等大质量的天体产生引力场，我们的眼睛看不到引力场，但我们能感受到它们的影响。我们被地球吸引，而每一个下落的物体都沿着所在之处的引力场线运动，这些引力场线都指向地球的中心。

以上是用一些例子来说明场这种不太直观的概念。Brout-Englert-Higgs 场与以上提到的那些场类似，区别只在于它没有场的源①。不存在与磁铁、电荷或重的物体相等价的东西去产生 Brout-Englert-Higgs 场。这个场几乎是在宇宙大爆炸②之后立即出现的，并且自那以后一直渗透到整个宇宙。这个场实际上是空间的一个属性，正如时间和空间的三个维度是我们生活的世界的属性一样。我们可以把它想象成宇宙的油画画布，那就是我们宇宙的编织方式。

这个场渗透在我们周围的所有空间，没有它，基本粒子们都会以光速运动。但是一旦这个场出现，这些粒子就会因为与这个场相互作用而慢下来。

为了更好地描述发生的事情，我需要介绍一些概念。首先，我们来看一下物理学中的一条基本原理，**能量守恒**。它是说，能量可以采取多种形式存在，但是它的总量不变。如果想象能量是液体：我们可以把液体倒进一些不同的容器，但液体的总量将保持不变，只是分布不同。

我们需要建立的第二个基本原则是质量和能量之间的等价关系。它是说，质量和能量是同一种本质东西的两种形式，就像两种货币都代表钱，但是形式不同。质量与能量之间的等价原理永恒地体现在物理学中最著名的公式中，也是本书唯一出现的公式：$E = mc^2$ 中。

在这里，E 代表能量，m 代表质量或物质。两者之间的转换因子是 c^2，即光速的平方。我们可以将能量转换成质量（或物质），反之亦然。这正像两种货币：我们可以按照确定的汇率将一种货币兑换为另一种货币。除了汇率（光速的平方）是固定的，在这里也发生着同样的事情。

正如一个大硬币可以被"分解"成较小的硬币，重的粒子可以**衰变**成较小的粒子。较小的粒子最初不包含在较大的粒子中，就像较小的硬币不隐藏在较大的硬币里一样。一些小硬币也可以兑换成等值的一枚较大硬币，一些小粒子可以结合成一个较大的粒子。不过有时，较大的粒子是一个没有任何结构的基本粒子。所有这些粒子的能量就像硬币的价值一样是不变的。

---

① 例如，磁场的源是磁铁，电场的源是电荷，引力场的源是地球等天体，等等。——译者注

② 我将在第 5 章中更多地谈论宇宙大爆炸，那一时刻标志着宇宙的第一瞬间。Brout-Englert-Higgs 场从大爆炸之后的一百亿分之一秒就出现了。

基本粒子可以有两种形式的能量，或者以运动的形式（于是被称为**动能**），或者以质量的形式。因此，粒子的质量可以被看作是凝结的能量。

我的祖母曾经告诉我，由于年龄的原因，她走路很困难。她总是在地毯上慢慢地蹭着走，并产生一种错觉，就像她要被地毯上绣的花缠住了似的。Brout-Englert-Higgs 场对基本粒子起着类似的作用。当这个场存在时，粒子开始与之互动。因为这个场的"花"抓着粒子们的脚，它们再也不能自由行动了。

另一种看这种现象的方式是想象一个人在空荡荡的房间里走路：没有什么东西阻碍他的行进。但是，如果同一个人在一个招待会上穿过拥挤的房间，他将不得不多次停下来与他的所有熟人打招呼，他的行进速度要慢得多。

一颗没有质量的粒子可以在没有 Brout-Englert-Higgs 场的假想空间中以光速移动。因为该粒子没有质量，它的所有的能量都是以运动的形式出现的。再想象一下将能量比喻成液体，我们于是可以说，这个粒子的所有能量都在一个标记为"运动"的容器中，而标记为"质量"的容器是空的（图 2.3）

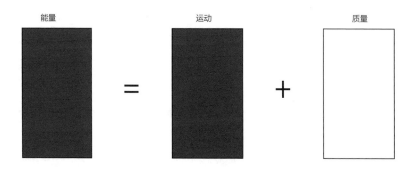

>> 图 2.3：一个基本粒子带有两种形式的能量：一些能量来自运动（我们称之为动能），另一些来自质量。如果能量是流体，代表总能量的等号左侧的容器可以在另外两个容器之间分配。这张图描绘了无质量粒子的情况：它的所有能量都以运动的形式出现。
资料来源：宝琳·加尼翁。

现在，如果有人"接通"Brout-Englert-Higgs 场，这颗粒子将会发生什么？它开始与这个场互动，不再能自由地活动。它就像我的祖母一样，脚开始被地毯上的花朵缠住。但是，这个场有一个独特的特征，它不会导致粒子失去能量。但是由于粒子运动速度慢了，动能就小了。那么，能量消失到哪里去了呢？它既没有丢失，也没有消耗。现在此能量只是以质量的形式出现了（图 2.4）。

>> 图 2.4：Brout-Englert-Higgs 场的存在使粒子通过与场相互作用而减速，仿佛陷入了纠缠。由于它的行进速度较慢，其能量的减少与其运动有关。它的总能量保持不变，但其中一些能量现在以质量的形式出现，好像有些流体已经从"运动容器"移动到"质量容器"中。粒子不再是无质量的，它已经获得了质量。
资料来源：宝琳·加尼翁。

　　Brout-Englert-Higgs 场不会给基本粒子造成任何能量损失。但是粒子由于这个场的存在而移动得更慢，它们就像停下来打招呼的人一样相互作用，动能减少了。它们的动能没有丢失，而是简单地转化为质量。在物理学中，质量被定义为对运动的阻力（或者更具体地说，对运动变化的阻力）。在 Brout-Englert-Higgs 场的存在下，粒子获得了运动阻力。

　　粒子获得了多少质量呢？它与 Brout-Englert-Higgs 场的相互作用越多，它获得的质量就越多。一个人的知名度越高，他在鸡尾酒会上与人群的互动就越多，从而运动的速度就会减慢。这适用于所有的粒子：夸克、轻子和玻色子。由于电子与这个场的相互作用很弱，所以质量很小。相反，**顶**夸克与这个场的相互作用最强，因此是质量最大的粒子。

希格斯玻色子本身也从与这个场的相互作用中获得它的质量。另一方面，光子不与这个场相互作用，因此保持无质量。第 1 章提出的问题是："为什么各种基本粒子有如此广大范围中的不同的质量？"可以被改成："为什么各种粒子与 Brout-Englert-Higgs 场相互作用的程度如此不同？"对这第二个问题还没有答案，它仍然是一个谜。

每个粒子获得多少质量？

粒子与 Brout-Englert-Higgs 场的相互作用越强烈，它获得的质量就越大。Brout、Englert 和 Higgs 所做的纯理论断言现在已经被实验证实了。图 2.5 显示了 CMS 合作组获得的初步结果。这组研究人员通过测量希格斯玻色子衰减成给定类型的粒子的频率来检验这个断言，这称为**耦合**，表示粒子与 Brout-Englert-Higgs 场相互作用的强度。纵轴给出每个粒子的耦合值，其质量在横轴上给出。

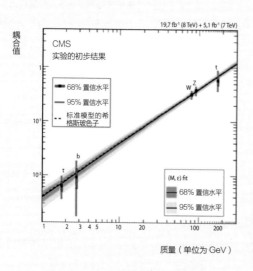

>> 图 2.5：粒子的质量取决于它与 Brout-Englert-Higgs 场相互作用的强度。相互作用越多，粒子就越重。

资料来源：CMS。

请注意在横竖两个轴上使用的是对数坐标，它们覆盖了几个数量级。例如，我们可以看到陶轻子（用符号 τ 表示），**底夸克**（*b*），W 和 Z 玻色子以及最后的**顶夸克**（*t*）的实验测量结果。垂直线给出测量中的实验不确定性。红线表示标准偏差的值，即对应于 68% 的可靠置信水平的实验不确定度，真实的数值有 68% 的可能性在这个区间内。蓝线对应两倍的标准偏差，置信水平为 95%。黄色和绿色的阴影区域表示当所有的测量结果与理论预测值进行比较时，置信水平分别为 68% 和 95% 的区间，同时考虑到每个粒子的单独误差范围。我们可以看到，当前的测量值都与标准模型的理论预测一致，用 "SM Higgs" 表示并由虚线给出。

是什么将质量赋予复合物质？

另一个必须澄清的要点是：Brout-Englert-Higgs 场把质量赋予所有的基本粒子，而不是复合物质，这与我们通常想象的相反。这是为什么呢？在原子中，质量基本上来自原子核，电子比质子和中子轻约 1840 倍。对于粒子，人们用能量的单位 MeV 来测量质量，因为我们已经在前一章看到，质量和能量是等价的。① MeV 代表一个兆电子伏特，即 100 万电子伏特。电子伏特是电子在一伏特的电位差上被加速时所获得的能量。

质子的质量是 938 MeV。正如我们在前一章看到的，质子是由 3 个夸克和一些将它们捆绑在一起的无质量胶子组成。但这 3 个夸克的质量总和只有 11 MeV，仅占质子总质量的约百分之一。假设你要把 3 个球放在一个袋子里，每个重约 4 克。那么，想象一下，如果你称重这个袋子，天平显示 938 克，你将多么吃惊！

质量和能量之间的等价原则再一次起到解释核子（如质子和中子被统称为核子）如何得到其质量的作用。核子质量来自 3 个夸克运动的能量和胶子（强相互作用的载体）所携带的能量（图 2.6）。夸克可以在核子内自由移动，这是由于这样一个事实，即在非常短的距离内，强相互作用力是微弱的，只有当夸克们试图彼此离开时才会变大。这就解释了为什么夸克被限制在核子内部，这种现象称为**渐近自由**（asymptotic freedom）。强相互作用力只在几乎不超出核子大小

---

① 应该以 MeV 为单位来表示质量，但为了进一步简化，物理学家使用光速 c 取 1 的单位系统。

的距离上起作用。

因此，几乎 99% 的核子质量来自其组分的能量，而不是来自其组分的质量。夸克和胶子之间的部分吸引力从每个核子里泄漏出来，将核子紧密地结合在核内部。这种**结合能**略微降低原子核的质量。当一个大的原子核分裂时，两个较轻的核的组合质量小于初始原子核的质量。这个质量差异就是核反应堆中的能量来源。

· 夸克的质量：11 MeV
· 质子的质量：938 MeV

>> 图 2.6：综上所述，质子内 3 个夸克的质量仅占 11 MeV。质子质量的大部分来自其 3 个夸克的运动能量和把它们捆在一起的胶子携带的能量。这些能量构成质子的大部分质量，即 938 MeV。Brout-Englert-Higgs 机制仅将质量赋予基本粒子，而不是质子、中子和原子等复合物质。同样，原子的质量来自核内成分之间的结合能。
资料来源：维基百科，宝琳·加尼翁。

那么希格斯玻色子是怎么一回事呢？

现在 Brout-Englert-Higgs 场的作用已经弄清楚，我们终于可以谈论希格斯玻色子了。首先，我们应该提到，这个玻色子之所以是以彼得·希格斯的名字命名，并不是因为他是第一个发表 Brout-Englert-Higgs 机制论文的人，（尤其荒谬讽刺的是）命名的原因是因为他的论文最初被退稿了。实际上，弗朗索瓦·恩格勒（图 2.7）和罗伯特·布罗特最先发表了他们的成果，领先彼得·希格斯一个多月，也比另外三位理论物理学家——汤姆·基布尔、杰拉尔德·古拉尼克和卡尔·哈根早几个月，这三个小组一直在同一个课题上独立工作着。一位编辑拒绝了彼得·希格斯的论文，理由是该文章缺乏具体的预言而因此宣布这篇文章没有科学价值。彼得·希格斯向其他期刊重新提交了他的论文，这次谨慎地提到他提出的机制暗示了一种新玻色子的存在。因此，他是第一个明确提到新粒子存在的人。粒子可以被合理地重新命名为"标量玻色子"或"H 玻色子"。然而，现在"希格斯玻色子"的名声如此之高，这个名称也很难再更改了。这种命运的捉弄使得彼得·希格斯几年前还发表了一篇题为"我作为一种玻色子的生活"的文章！

那么，这个著名的希格斯玻色子又是怎么一回事呢？事实上，它可以简单地被看作是 Brout-Englert-Higgs 场的激发。如果我们将场与海洋表面进行比较，那么希格斯玻色子将是这个海洋表面的一个波。为了激发海洋并产生海浪，只要提供能量就行了，这能量可能来自风、潮汐或地震。Brout-Englert-Higgs 场也是如此：通过提供能量来激发它，粒子加速器可以做到这一点。这种激发态其实就是希格斯玻色子本身。

>> 图 2.7：2007 年 12 月在访问 CERN 期间，弗朗索瓦·恩格勒教授站在 ATLAS 探测器前。资料来源：CERN。

想象一下，在我面前有一个用玻璃制成的小鱼缸。如果我声称它充满了水，可以通过用手轻敲窗格来证明我的说法——如果确实充满了水，水面上就会出现小水波。没有水，就没有波。同样，没有 Brout-Englert-Higgs 场，就没有希格斯玻色子。

现在，理论物理学家们已经提出了"宇宙充满 Brout-Englert-Higgs 场"的观点。因此，实验物理学家们需要通过"以希格斯玻色子的形式产生这个场的激发态"来证实该观点。在 CERN 的 LHC 提供了必要的能量来激发这个场。希格斯玻色子的发现证明了这个场的存在，它将质量赋给了基本粒子们。在下一章中，我们将看到大型强子对撞机是什么、它是如何工作的，以及 ATLAS 和 CMS 探测器（图 2.8）如何揭示希格斯玻色子的存在。

在结束这章之前，我想解释一下"上帝粒子"这个名称的问题，它是一个老生常谈的玩笑。这个名称来自一个出版商，他把自己清教徒的行为变成了一个成功的营销活动。美国物理学家莱昂·莱德曼（Leon Lederman）是 1988 年诺贝尔物理学奖获得者之一，以幽默感而闻名。在经过近 30 年的研究后没有找到希格斯玻色子使他感到沮丧，建议将**该死的（*Goddamn*）粒子**作为自己

>> 图 2.8：彼得·希格斯教授在 2008 年访问 CMS 探测器期间似乎也同样很难相信他自己的眼睛。

资料来源：CERN。

撰写的一部科普著作的书名。但是他的出版商拒绝了，认为这个标题不合适。作为替换，他建议使用"Goddamn"的前半个词（"God"，上帝）放在粒子之前。因此，莱德曼于 1993 年出版的书页上出现了**"上帝粒子：如果宇宙是答案，什么是问题"**的标题。[①] 不幸的是，这个名字直到今天还在用，给一个已经很复杂的课题造成了无谓的混乱。"上帝粒子"这个名字绝对没有任何意义，不管给予什么名字，研究应该继续进行。当然，这是完成标准模型所需要的最后一个缺失的粒子，也是一个重要并且非常特殊的粒子，但是也没有必要夸大其词。

本章要点

在 1964 年之前，构成标准模型的公式只预言了无质量粒子，这与实验观察相矛盾。于是几位理论物理学家提出了一个观点，认为存在着一个填充整个宇宙的场，基本粒子们通过与这个场相互作用而得到它们的质量，该场被称为 Brout-Englert-Higgs 场，由同名机制的数学术语来描述。这个场是一个非常真实但是看不见的物理实体，它阻碍了基本粒子的传播，其作用类似于挤满房间的人群。一个人由于经常停下来和熟人打招呼，所以在穿过这个拥挤的房间时会遇到困难，人群会大大减慢他的速度，就好像这个人变得更臃肿了一样。对于一个基本粒子，这个减速相当于把它的一些动能（与它的运动有关）转换成质量。其中没有能量损失，只是转化。这是由于质量和能量的等价原则（它阐明两者是同一种东西的两种形式），也是由于能量守恒的原则。希格斯玻色子是一个 Brout-Englert-Higgs 场的激发态，正如波是海洋表面的激发态一样。希格斯玻色子的存在证明了这个场的存在。但是，这个场只把质量赋给基本粒子。物质的复合物（如中子和质子等），它们携带着原子的（因此也就是所有物质的）大部分质量，它们的质量大部分来自于夸克们（当夸克来回运动时）所

---

① 莱昂·莱德曼和迪克·特雷西著，戴尔出版社，1993 年。

携带的能量，而胶子将夸克黏合一起。因此，它们的质量可以被看作是凝结的能量。这是由等式 $E = mc^2$ 表示的质量和能量之间的等价关系得出的。

第 3 章

加速器和探测器：
发现希格斯玻色子的基本工具

寻找希格斯玻色子不是一件容易的事。首先，要把希格斯玻色子产生出来，才能找到它。产生希格斯玻色子是通过把大量的能量集中在一个小小的空间点上，就像我们在前一章中看到的那样，在 Brout-Englert-Higgs 场中"激发"或产生一个"波"。地球上唯一能够产生希格斯玻色子的机器就是粒子加速器，如 CERN 的 LHC[①]（图 3.1）。在宇宙的其他地方，从宇宙射线里来的能量很高的质子与高层大气中的甚至月球表面上的质子或中子碰撞时，希格斯玻色子也很可能会产生出来。而且，谁知道呢，茫茫宇宙里也可能有外星文明，配备了像 LHC 那样强大的加速器。

大型强子对撞机得名是因为它对撞的是由夸克构成的质子。质子属于强子家族，由此得名。而且，正如其名字所示，大型强子对撞机的个头大，甚至可以说是巨大。它配得上各种各样的最高级的头衔：最大的、最强大的、最成功的、最冷的、最……的一切。这着实令人印象深刻。

和所有粒子加速器一样，大型强子对撞机通过粒子对撞生成局部巨大的能量

[①] 之前，位于美国芝加哥附近的加速器 Tevatron 也足够强大到可以产生希格斯玻色子，但是无法产生足够的数量来宣称发现了该粒子。它已经在 2011 年 9 月停止运转。

>> 图 3.1：LHC 27 千米周长的环，绘制在所在区域的航拍照片上。在背景中，人们可以看到日内瓦湖和日内瓦市，以及更远的阿尔卑斯山。加速器实际上位于地下 100 米处。
资料来源：CERN。

来创造出或者产生出 ① 新的粒子。质量和能量之间的等价原则再一次起到了将纯能量转化为物质的作用。要做到这一点，LHC 把重粒子（大部分期间是质子）加速到接近光速，即每秒约 30 万千米。质子在两个平行的束流管中 ② 循环绕圈，形成两条相向运行的束流，它们在 27 千米长的环形轨道上的 4 个不同的对撞点上（在 4 个探测器的中心）实现对撞。在这些对撞过程中释放的能量以不同粒子的形式转化成物质。能量越多，可以产生的粒子就越重（就像越有钱的人，他能买的汽车就越大）。这些粒子非常不稳定，几乎立即分解成一些碎片，即更稳定的粒子。探测器的作用是捕获所有这些碎片，并重建对撞后最初产生的粒子。探测器

---

① 约 30 年前，天主教教皇若望保禄二世访问欧洲核子中心时，他的导游讲述了粒子束流对撞中创造了粒子。教皇纠正他说："你的意思应该是**产生**，**创造是我的事**！"

② 沿相反的方向。——译者注

就像巨型照相机一样，拍摄这些微型爆炸的照片，并从碎片中重建最初的粒子。

>> 图 3.2：LHC 27 千米周长的大环中的一段，图中显示了一部分组成该对撞机的 1232 根涂成蓝色的超导二极磁铁。

资料来源：CERN。

归纳起来，我们有一台加速器（图 3.2），它可以加速质子用来进行对撞，从对撞时释放的能量中会产生新的粒子，探测器可以探测产生出来的粒子。让我们详细看看这一切是如何工作的。

大型强子对撞机（LHC）

这台 38000 吨重的"巨无霸"与"超精密"相结合的高科技设施位于一条长达 27 千米的环形隧道内，该隧道是为 CERN 之前的加速器（大型电子正电子对撞机或 LEP）开凿的。LHC 加速器由 1232 根二极磁铁和 392 根四极磁铁组成，加上一些更复杂的磁铁，全部是超导磁铁，工作温度是 −271.3℃，只比绝对零度的温度高 1.9℃（图 3.3 和图 3.4）。正如我们在第 1 章中看到的，超导体没有阻止电流通过的电阻。某些材料（例如用于 LHC 的磁铁的铌钛合金）在冷却到非常低的温度时会变成超导体。因为超导体可以承受更大的电流，所以它们产生的磁场比普通导体产生的磁场强得多。LHC 磁铁中传导的电流为 12000 安培，是通常家庭电路的 1000 倍。传统磁铁的强度不足以使束流转向，并将其保持在现有加速器的圆形轨道中：如果使用传统磁铁，则需要 120

千米长的环才行。这台 27 千米长的机器已经够大了，任何更大的机器都将让
人望而却步。

带电粒子束可以用磁铁操控，就像光束可以用棱镜和透镜偏转一样。二**极磁**
体用于质子轨迹的转向并将其保持在圆形轨道中，而四极磁体用于聚焦束流。换
句话说，这些四极磁铁捏挤束流，其他多极磁铁为质子轨迹添加各种修正。这对
保持所有成串相互尾随的质子在轨道上运行几个小时是绝对必要的，要知道，质
子在 LHC 的 27 千米周长的束流管中每秒钟转 11245 圈。

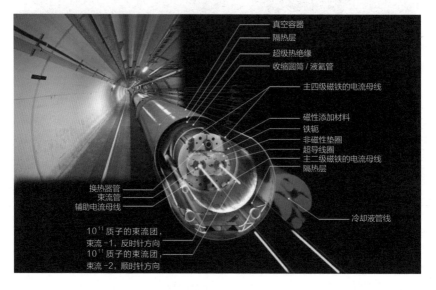

>> 图 3.3：显示其关键部件的二极磁铁示意图。
资料来源：CERN。

LHC 的全部磁铁总共需要 7600 千米长的超导电缆，每根电缆包含 250000
股微细超导丝。这些超导丝的总长度相当于从地球到太阳 6 次往返的距离，再
加上 136 次往返月球和 24 次蒙特利尔—巴黎航班的旅程，剩余的距离足够光顾
住宅区附近的小商店 1046 次。鉴于这一切，这台机器的建造需要 15 年的时间
也就不奇怪了，特别是由于在项目开始时所需的一些技术还不存在，所以必须边
干边发明。

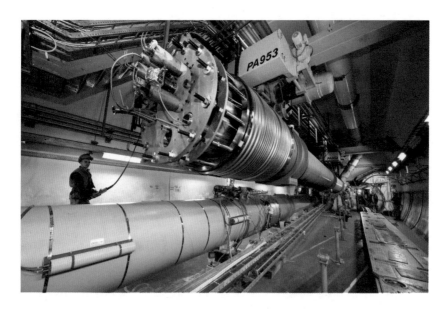

>> 图 3.4：在地下 100 米的隧道中安装 1232 根 LHC 二极磁铁中的一根。
资料来源：CERN。

超前规划

例如，如何获得整个 LHC 项目（加速器和探测器）所需的计算能力和存储容量以及成本，要根据摩尔定律以及现有技术水平通过推测来估计。摩尔定律指出，每隔一年或两年，以同样的价格，计算机的性能和存储容量将增加一倍。同样，设计触发器和数据采集系统的物理学家也要超前设计规划，以使新一代更快的电子模块能够满足他们在实验上的需求。

对于 LHC 本身，其设计的首批文件出现在 20 世纪 80 年代中期。有关的科学家和工程师们要估计当时超导磁铁在原型上达到的最佳性能，可以在 10 年左右的时间内在 LHC 所需的工业规模（数千根磁铁）上获得。这确实做到了！[①]连接超导电缆所要求的技术也是超前规划的。所需技术的各个方面，比如感应

---

① 例如，在 20 世纪 80 年代，超导磁铁在 4.2°K 下，5 特斯拉的磁场中可以承载每平方毫米 2000 安培的电流。在相同的条件下，现在 LHC 的磁铁承载了多 50% 的电流，即每平方毫米 3000 安培。

焊接和超声波连接等，虽然已应用于其他领域，但 CERN 的团队与其他实验室和若干工业合作伙伴一起，共同开发出了能够满足 LHC 项目严格规范且规模庞大的机械。这项工作始于 20 世纪 90 年代后期，其结果在 2005 年已经可以在 LHC 的隧道中使用。同样，超导线的焊接和切割机器也已存在，但是它们也必须适应 LHC 隧道的特定构造。迄今为止，LHC 仍然是世界上建成的规模最大和最冷的低温装置。

一个奇特的环形装置

将巨大的 LHC 环建造在 100 米深的地下基于两个原因。首先，把宇宙射线屏蔽在探测器的外面是绝对必须的，因为这些射线会干扰测量。其次，保护人类和环境免于受到 LHC 运行时产生的辐射也是至关重要的。而考虑到该地区的房地产成本，把 LHC 建造在地面上是不可想象的。

两个质子束在两条独立的真空束流管中相向运行，所有的空气都要从真空管中排出（图 3.5），否则质子与空气分子碰撞，会使它的行进距离超不过 1 毫米远。功能强大的真空泵将束流管中的压力保持在 10^{-10} 毫 bar，即比大气压力低 10^{13} 或 10000000000000 倍。换句话说，在 LHC 束流管中每单位体积（例如每立方厘米）的空气中，分子数量比我们吸入的空气少 10^{13} 倍。将 CERN 发明的一种称为"吸气剂"的特殊材料，涂在束流管壁上。一旦加热，这种材料会吸收真空泵留下来的剩余分子，就像捕蝇器的黏性纸条那样运作[①]。当然，束流管必须完全密封。如果汽车轮胎像 LHC 束流管一样密封的话，它则需要 100 万年才能瘪下来。

LHC 虽然个头庞大，但是对微小的扰动极其敏感。例如，我们知道月球的引力会造成潮汐。这通常只有在大量的水中才能观察到，例如海洋，而不是在地壳中，因为地壳的流动性差得多。然而，由于月球的吸引力，地壳也经历了每天两次的微小变形，尽管这是难以察觉的。月球的这一作用要求 LHC 的监控人员不断修正质子轨迹，将它们保持在 LHC 的束流管内，因为束流管与地壳一起运

---

① 我们将在第 7 章中看到这种技术如何被用来生产更高效的太阳能电池板。

动。人们可以说，LHC 已经证实了月球的存在，虽然它全然不是为了这个目的
而建造的。

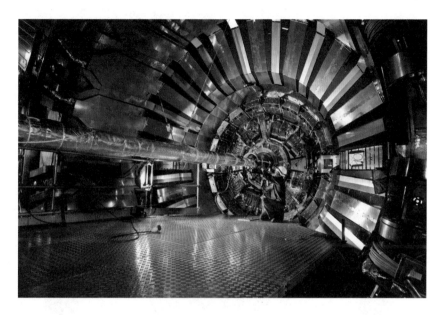

>> 图 3.5：加速器的束流管伸进四个 LHC 探测器的心脏，这里是在 CMS 探测器中。
资料来源：CERN。

CERN 的加速器集群

加速器使用的质子都是从哪儿来的呢？LHC 的伟大探险是从一个提供这些
质子的简单氢气瓶开始的。氢是最简单的化学元素，它的原子核只包含一个质
子，一个电子在其周围旋转。氢原子里的电子通过电场被剥离（图 3.6），由此
产生出来的质子随后被命名为 Linac-2 的小型直线加速器内的另一个强电场加
速。当它们离开此直线加速器时，能量是 50 MeV，即 5000 万电子伏特。此
时，它们已经以三分之一的光速在跑着。1 电子伏特是一个电子受到 1 伏特电
位差所获得的能量。在 1.5 伏电池的两极之间加速的电子因此增加了 1.5 电子伏
特的能量。Linac-2 加速器提供的能量相当于我们施加 5000 万伏的电位差时

所获得的能量！质子们离开直线加速器 Linac-2 后在同步加速注入器（也称为 Booster，增强器）中获得能量提升，这是一台小型的环形加速器，它可以使质子达到 1.4 GeV（giga-eV，即 10 亿电子伏特或 1000 MeV）的能量。

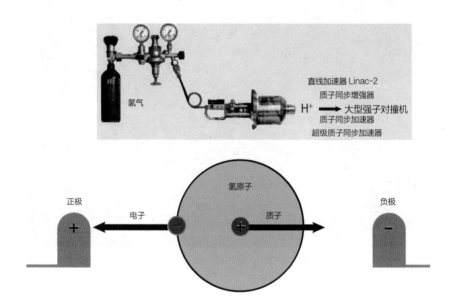

>> 图 3.6：作为束流的质子是利用电场从剥离了电子的氢原子中提取出来的。
资料来源：宝琳·加尼翁，CERN。

　　下一个阶段是质子同步加速器（或 PS），一台环形和同步类型的加速器。它大致就像一个电池那样工作，正负两极不断切换。首先，负极吸引质子到该极的位置。然后，一旦质子们到达这一点，该极的极性就会反转（变为正）。然后这个正极将质子推到下一个负极，使它们保持动量，这种极性的反转与质子团的行程同步。PS 是 CERN 仍在运行的最早的加速器。环形加速器的优点是能够在束流每转一圈时向质子注入一点儿能量，而直线加速器则只有一次注入能量的机会。质子在 PS 上被加速到能量为 25 GeV 时被引出并准备进入下一阶段，即超级质子同步加速器或 SPS，与 PS 相同类型的加速器，但是比 PS 大 11 倍（图 3.7）。在那里质子将达到 450 GeV 的能量。

>> 图 3.7：超级质子同步加速器（或 SPS），通向 LHC 的加速器集群的第三级。
资料来源：CERN。

最后，质子被注入 LHC（图 3.8），经历最后的加速阶段。在 2010 年，质子在大约 20 分钟内达到了 3.5 TeV 或 3.5 万亿电子伏，即 3500 GeV 的能量。2012 年这个数字上升到了 4 TeV，而在 2015 年，经过两年的维护和加固工作，质子达到了 6.5 TeV，碰撞的能量相当于每束能量的两倍。2012 年的可用对撞能量是 8 TeV，2015 年 5 月 20 日达到了 13 TeV。能量的增加不仅可以产生更重的粒子，为新的发现打开大门，而且还可以产生尽可能多的重粒子，增加新发现的可能性。

在一年之内，CERN 的加速器集群（表 3.1）仅仅使用 1 微克的氢气来生产所需的所有质子，但是会消耗大量的电力：当所有的加速器都在运转时，每年耗电 1260 GWh（千兆瓦小时，即 1000 兆瓦小时或 1 兆度）。这相当于美国一座中等规模的核电站年发电量的 1.5 倍。

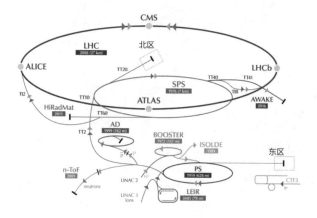

CERN 的加速器集群

▸ p（质子）▸ 离子 ▸ 中微子 ▸ pbar（反质子）▸ 电子 ▸▸▸ 质子 / 反质子转换

LHC: 大型强子对撞机   SPS: 超级质子同步加速器   PS: 质子同步加速器

AD: 反质子减速器   CTF3: 紧凑直线对撞机试验设施   AWAKE: 先进尾场加速实验   ISODE: 在线同位素质量分离器

LEIR: 低能离子环   LINAC: 直线加速器   n-ToF: 中子飞行时间设施   HiRadMat: 高辐射对材料影响的试验设施

>> 图 3.8：CERN 的加速器链：过去几十年的设备被重复使用，为最新和最强大的加速器服务。

资料来源：CERN。

表 3.1: CERN 加速器集群中的加速器

加速器 （建年）	周长大小	能量	光速百分比
直线加速器 （1972）	34 米	50 MeV	31.4%
增强器 （1972）	150 米	1.4 GeV	91.6%
质子同步加速器 （1959）	628 米	25 GeV	99.93%
超级质子同步加速器 （1973）	7 千米	450 GeV	99.9998%
大型强子对撞机（2008）	27 千米	8 TeV	99.9999993%
大型强子对撞机（2015）	27 千米	13 TeV	99.9999997%

1 TeV 是很多的能量吗？

　　LHC 为它所加速的每个质子提供 8 TeV 或 8 万亿电子伏特的能量。前缀 tera 表示 10^{12} 或 10 的后面 12 个 0。因此，一个 TeV 值 1 万亿，或 1 兆兆 电子伏特。这很多吗？这相当于一只 2 毫克的蚊子在全速飞行时的能量，因为 蚊子很容易达到每小时 1.4 千米的速度。在我们自己的尺度上，这个能量是非 常小的，但对质子来说，它的尺寸是在一个**费米**（10^{-12} 毫米，或万亿分之一毫 米）以下，这个能量是巨大的。比较一粒质子和一只 5 毫米蚊子的大小，就像 比较几只同样的蚊子连接起来的尺寸与从地球到太阳的距离。现在想象一下， 蚊子的所有能量都凝结到质子的大小，这个能量就变得非常巨大。

　　我们可以通过以下方式来测量这只蚊子的能量：它的能量由 1/2 × 质量 × 速度的平方或 $1/2 \, mv^2$ 给出。让我们把所有的单位转换成千克和米每秒来获得 以焦耳为单位的能量（焦耳是对应于 1 千克 ×1"米/秒"的平方的能量的单 位）。蚊子的质量是 2 毫克，即 $2×10^{-6}$ 千克，它的速度是每 3600 秒 1400 米。那大概是每秒 0.4 米。其能量因此是 $1/2 ×2×10^{-6}$ kg x（0.4m/s）^{2} 或 $1.6×10^{-7}$ 焦耳。如果我们现在把这些焦耳转换成电子伏特，已知 1 焦耳等价 于 $6.24×10^{18}$ 电子伏特，我们发现 2 毫克的蚊子在时速 1.4 千米时据有的能量 约为 $1×10^{12}$ 电子伏特，也就是 1 TeV。请记住，电子伏特在我们的宏观尺度 上是微量的能量，因为它是由与一个极小的亚原子粒子（电子）相关的能量定 义的。

四大探测器

　　LHC 上有四个大型探测器：ATLAS、ALICE、CMS 和 LHCb（表 3.2）。 每个探测器都是由一个"合作组"建造起来的，每个合作组包括来自很多国家和 地区数百个研究机构的一群物理学家。数千名物理学家、数百名工程师和数千名 技术人员，利用不同的技术、材料和原理为每个探测器的建造做出了贡献。

　　LHCb 合作组的目标是发现宇宙大爆炸后瞬时产生的所有反物质都跑到哪 里去了，为什么迄今没有留下任何痕迹。他们正在研究**底**夸克，希望揭示物质 和反物质的不同行为。ALICE 团队专注于研究大爆炸之后瞬间存在的物质状 态，被称为**夸克-胶子等离子体**。CMS 和 ATLAS 探测器是用来开展多用途实验的，人们对其制订了非常广泛的研究计划，包括但不限于希格斯玻色子、超对称、暗物质和超出标准模型的物理学。两支团队在进行相同类型的研究，也包括 ALICE 和 LHCb 的研究领域，但没有像 ALICE 和 LHCb 那么专门化。因此，一个合作组的实验结果可以被至少一个其他的合作组核对验证。

表 3.2：LHC 上的四大探测器

	ATLAS	ALICE	CMS	LHCb
高度	25 米	16 米	15 米	10 米
长度	45 米	26 米	21 米	21 米
重量	7000 吨	10000 吨	14000 吨	5600 吨
科学家人数	3000	1000	3000	700
研究单位个数	177	100	179	65
国家和地区数	38	30	41	16
研究	多用途	夸克－胶子等离子体	多用途	反物质和底夸克

夸克－胶子等离子体：它的有趣和酷就如同它的热和冷一样

固体、液体和气体这三种最常见的物质状态之间的区别或多或少取决于其分子的自由度。气体的分子与液体或固体的分子相比受到较少的束缚。等离子体是另一种物质状态，在那里，原子被过度激发而分解。太阳里有等离子体形式的物质，但等离子体也可以在火焰或霓虹灯管中找到。施加在霓虹灯管上的电压提供了电子从原子中脱离出来所需的能量，让电子云浮在正离子周围。夸克-胶子等离子体是一种被激发得更高的状态。参与作用的能量之高，甚至核、质子和中子都碎裂了，释放出构成它们的夸克和胶子，让它们共存在一碗有超级能量的汤里。

夸克-胶子等离子体只存在于宇宙最初始的阶段，只在宇宙大爆炸后百亿分之一秒里。随着宇宙的膨胀，它开始冷却下来，使夸克和胶子减速到足以形成质子、中子和其他强子。这种夸克-胶子等离子体态在宇宙里（在大爆炸 138 亿年之后）首次再现是 2000 年在 CERN 的超级质子同步加速器上，然后在美

>> 图 3.9：两个铅原子核之间对撞的模拟，就像在撞击之后出现的那样。每个原子核包含 82 个质子和 125 个中子。最初包含在质子和中子里的夸克以红、绿和蓝色标示，而仍然完整的质子和中子以白色显示。
资料来源：CERN。

国的布鲁克海文实验室，现在又在 LHC 上。在 LHC 上发生的碰撞产生的温度比太阳中心高 10 万倍。

　　LHC 不仅可以加速质子，而且还可以加速已剥离了电子的重离子（如铅离子等）。这些铅原子核含有 82 个质子和 125 个中子。每年大约有一个月的时间，LHC 中的质子束被铅离子束取代，导致更高能量的碰撞，足以产生一些夸克 - 胶子等离子体（图 3.9）。等离子体即使是由分散的粒子组成，也表现出群体行为，正像一群蜜蜂移动起来有凝聚力，也有流动性。事实上，这是一种超流体，即没有黏性的流体。物质的黏度决定了它是否像蜂蜜一样黏稠，或者像水一样流动易变。超流体的流动性很强，几乎不受任何限制。它向四面八方蔓延，甚至流出盛装它的容器。很难找到比这更酷的东西了！

对撞

在 LHC 的束流中，质子大部分时间被分组成 1404 个束团，每个束团包含 1000 亿个质子（平均，或多或少）。一个质子束团每隔 5 个"亿分之一秒"（50 纳秒）[1] 就遇到以相反方向运行的另一束流中的另一个质子束团。在 2015 年年底，这个相遇的速率加倍，产生了更多的对撞，每隔 25 纳秒就有 2808 个束团对撞。这些对撞分别发生在四个探测器的正中心（图 3.10）。这些质子中只有很小一部分会在每次束团交会时发生对撞，从而释放出所需的能量去产生各种粒子（从众所周知的粒子到最稀有的粒子）。

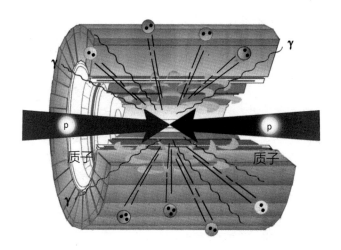

>> 图 3.10：两条质子束绕着加速器以相反方向运行并在探测器中心对撞的示意图。
资料来源：CERN。

最容易产生的粒子是被研究得最透彻的，因为我们已经用了很长的时间对它们进行了研究。这些粒子为我们提供了宝贵的标志，使我们能够校准我们的仪

---

[1] 等于 1/20000000 秒。——译者注

器。但是，所有这些粒子，虽然过去发现它们的人曾被授予诺贝尔奖，如今则是一种麻烦。它们形成了背景噪声，掩盖了新的尚未被发现的现象。于是，我们别无选择：为了探测那些产生出来的稀罕粒子，我们必须艰苦地从这些数万亿的普通类型的事例中找出那些新的粒子。然而，确切地知道背景噪声水平是多少，对于我们能够确认是否存在超出噪声之外的东西是至关重要的。因此，我们必须收集数十亿个对撞事例，并对它们进行分类，以提取具有不寻常特征的那些事例，这些特征是我们想研究的粒子所特有的。

两个质子之间对撞时释放的能量以粒子的形式呈现。它们通常很重，且寿命很短，几乎立即分裂成许多碎片，每一次碰撞看起来都像是一个微型的烟花。要重建对撞后产生的最初的粒子，必须抓住所有的碎片。这就是我们所说的**粒子衰变**，与第 2 章中所看到的兑换硬币非常相似（图 3.11）。一个大币值的硬币可以兑换成小币值的硬币。一个重的、不稳定的粒子（如希格斯玻色子）被产生出来后几乎立即会分解成比较轻的粒子。与衰变之前粒子质量相当的能量以更轻、更稳定的粒子的形式再现。探测器的目的是确定每一个粒子的起点、轨迹、方向、能量、电荷和身份，以确定最初被产生出来的是什么粒子。

>> 图 3.11：一个重而不稳定的粒子的衰变与一枚大硬币的兑换相似。这是分解 1 欧元硬币的一种方法。较小的硬币虽然不在 1 欧元硬币内，但它们的总价值是 1 欧元。同样，与重而不稳定粒子质量相当的能量，以更轻、更稳定的粒子的形式再现。
资料来源：宝琳·加尼翁，Pixabay 图片网站。

探测器

在四个 LHC 探测器中，CMS（图 3.12）是最重的，重达 1.4 万吨，是艾菲尔铁塔重量的两倍。ATLAS 探测器则是最大的，它的体积是巴黎圣母院大小的一半左右。但是，与这两处巨大的标志性建筑不同，粒子探测器是由数以亿计的小型超精密部件组成的，每个部件都是手工制造和组装的。在纪录片电影《粒子狂热》（Particle Fever）中，我的同事莫妮卡·邓福德（Monica Dunford）将 ATLAS 探测器与一只巨大的瑞士手表进行比较。四台 LHC 探测器确实具有结合了庞然大物和高精度的特点。

>> 图 3.12：CMS 探测器光彩照人。
资料来源：CERN。

一台探测器由几个同心层组成，就像一套俄罗斯娃娃或一颗洋葱有很多层一样。每一层都是为了收集部分信息而设计的，并具有空罐头的形状：一个中部的圆筒和两个端盖，整体必须完全密封：任何穿过它的粒子都不应该逃避探测。

从现在起，我将专注描述 ATLAS 探测器（图 3.13），因为这是我最熟悉的探测器，我参与了它的设计、建造和操作全过程。其他探测器是相似的，但使用了不同的技术。这种不同是必不可少的：如果使用两种完全不同的仪器进行相同的观察，对新观察到的现象将不会产生任何质疑。在下一章我们将看到，希格斯玻色子的发现就是这种情况。

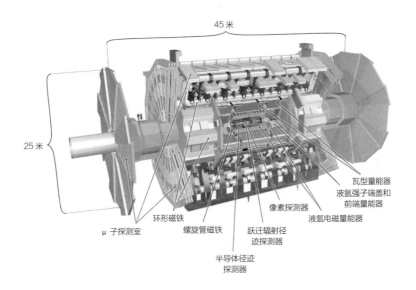

>> 图 3.13：ATLAS 探测器的示意图，这是在大型强子对撞机上工作的四个巨大探测器之一。资料来源：ATLAS 合作组。

做同样的测量总会有几种不同的方法，就像一个物理学教授要求学生使用气压计来估计一座大楼的高度一样。当然，这个学生知道他只需要测量地面和大楼屋顶之间的气压差就可以估计出它的高度。但他觉得这是一个相当复杂的方法。所以他建议也可以用气压计做一个钟摆，根据钟摆的振荡频率来确定大楼的高度。当他的教授拒绝了这个答案时，他提出了第三种方法：从大楼的屋顶抛出气压计，并测量气压计在坠毁到地面之前经过的时间。而当他的教授越来越不耐烦的时候，他最后建议可以简单地把气压表送给大楼的管理员来换取所需的信息。

然而，对于每一次测量，只有一个好的答案，无论使用什么方法都必须得到相同的结果。对于粒子探测器，需要几个子探测器来提取各种信息。每个子系统都有几种技术选项，ATLAS 和 CMS 合作组分别选择了不同的方法，从而提高了公布任何新观察结果的可靠性。粗略地说，每台探测器需要四个不同的层：重建带电粒子轨迹的径迹探测系统，确定每个粒子能量的量能器，提供磁场的磁铁（它使径迹探测系统能确定带电粒子的电荷和动量），和 μ 子探测器 。我会让你猜猜那些层是做什么用的。

径迹探测系统

此系统的作用是重建所有带电粒子的轨迹，中性粒子不会在这些探测器中留下痕迹。径迹探测器被安放在尽可能靠近束流的地方——小于 10 厘米，这样就可以尽可能精确地重建每条径迹的起点。但是越接近束流，辐射越强烈。因此构建这些探测器的材料必须非常轻，以便使粒子不偏离其轨迹，而且还应该能够承受高强度的辐射。

ATLAS 探测器有三个径迹探测子系统。第一层子系统，也是最靠近束流的子系统，被称为像素探测器。这个探测器是由硅制成的，像数码相机一样工作。

>> 图 3.14：2014 年 5 月将第四层像素探测器插入到 ATLAS 探测器的中心。
资料来源：海因茨·佩内格尔，ATLAS 合作组。

越靠近束流径迹密度越高。因此，为了能够区分不同的径迹，这种探测器必须是超精确的。凭借其 8000 万个信号通道，ATLAS 像素探测器可以确定一条径迹的位置，达到的精确度为 14 微米或 0.014 毫米。在 2013 年进行定期维护的第一次技术暂停之前，ATLAS 有三个像素层。之后安装了第四层（图 3.14），以提供更高的精度，也是为了在 2015 年重启 LHC 后在更高的对撞能量下可以处理更多的径迹以及为每个事例中增加更多的叠加碰撞。

当两束束流中的质子包在对撞点交会时，几个质子同时对撞。当重建径迹的起点时，额外的像素层现在可以提供更高的精度。这些对撞的大部分对应于质子，几乎是擦肩而过的情况。这些事例没有什么能量，只有正面对撞才能产生一些有趣的东西。我们必须将对撞后出现的每一条轨迹与一个精确的对撞点相关联，以便只保留来自同一对撞点的径迹，如图 3.15 所示。在那里，随着一次非

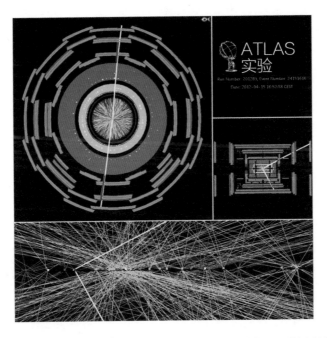

>> 图 3.15：ATLAS 探测器捕获的一个事例包含两条从同一对撞点射出的高能径迹。尽管在这个主要对撞事例之上堆积了 25 个其他的低能量对撞，但两条径迹清晰可见。这 25 个对撞点被塞进一个不到 7.8 厘米宽的空间。
资料来源：ATLAS 合作组。

常有力的对撞，同时还发生了 25 次轻微对撞。我们可以清楚地看到下面放大部分的 25 个单独分开的对撞点。由亮线（黄色）显示的两条非常有力的径迹从相同的对撞点射出。没有其他来自低能量对撞的径迹与该对撞点相关联。因此，我们可以忽略所有其他径迹，只保留这两条。

从对撞点向外移动，下一层是硅径迹探测器，它是另一个半导体径迹探测器。其目的也是以高精度来探测每个带电粒子的行程。该探测器由细微的硅条制成，带电粒子通过时硅条将被激活。它包含两个双重同心层，因此每个带电粒子在通过时留下 4 个点，这些点一旦被连接，就可重建通过的带电粒子的轨迹。

第三个径迹探测装置是体积最大的，但也是最不精确的。我们称之为跃迁辐射径迹探测器（Transition Radiation Tracker，TRT）。该探测器由小型碳纤维细管制成，含有在带电粒子通过时释放电子的气体。每根细管里都有一根位于其中心的细金属丝，用于收集这些电子，并在击中时引起小的放电。平均而言，一个带电粒子穿过 32 根细管，在这个探测器中留下很多点。多亏放置在细管之间的聚丙烯纤维，这种探测器不仅可以重建粒子的轨迹，而且还有助于利用粒子从纤维进入气体（或从气体进入纤维）时发射的电磁辐射将电子与 π 介子区分开。电子发射的这种辐射比 π 介子发射的更强，所以人们可以区分它们。了解每个粒子（或碎片）的确切身份，对于让我们能够更好地重建一个事例并确定最初产生的是什么粒子，是至关重要的。

连接到这三个子探测器的电子模块传送来自子探测器的信号，提供所有被击中的信号通道的列表。最后，对于每个带电粒子，我们从像素探测器获得 3 个点（2015 年之后有 4 个点，如图 3.16 中心周围的灰色圆点所示），4 个来自 SCT（黑色圆点），平均 32 个点来自 TRT（外部区域，紫色）。为了重建一个粒子的轨迹，我们所需要做的就是将所有这些点连接起来（这在右边的放大视图中更清楚）。这个事例是由 ATLAS 探测器在 2009 年年初捕获的，当时 LHC 以较低的束流强度运行，记录到的同时对撞较少。

磁铁

磁铁可以偏转带电粒子的轨迹。带正电荷的粒子的轨迹将朝一个方向偏转，负电粒子则朝另一个方向偏转，如图 3.16 所示。粒子跑得越快，就越难偏转其轨迹。这就像一辆汽车在高速时转弯，汽车行驶速度越快，急转弯时越费力，这种力量来自轮胎和道路之间的摩擦。低速时急转弯容易，高速时困难。这也是为什么 LHC 必须如此庞大。我们还不能建造足够强大的磁铁让质子保持在更急转的轨道上。

ATLAS 有两种磁铁。第一种是螺线管磁铁，围绕着径迹探测系统，使穿过径迹探测器的所有带电粒子的轨迹偏转。但 ATLAS 的骄傲是第二种，即它巨大的超导甜甜圈形（或**超环面的**）磁铁。其唯一的目的是偏转 μ 子的轨迹，包括能量最高的那些 μ 子。

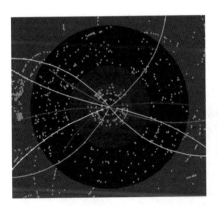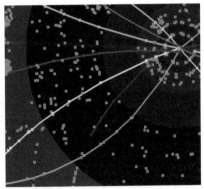

图 3.16: 带电粒子在 ATLAS 的三个径迹探测系统中留下的信号。只需将所有的点连接在一起就可以重建粒子的轨迹。

资料来源：ATLAS 合作组。

速度很小的粒子没有太多的能量和动量 ——即质量和速度的乘积。它的轨迹可以很容易地偏转，所以不会到达径迹探测器之外的那层量能器。螺线管磁铁使我们能够通过排除来自所有其他非主要碰撞的低能量粒子，来进行一些清理。由于磁铁提供的磁力是固定的，所以确定粒子的**动量**只需要测量粒子的轨迹曲率就足够了。

量能器

与径迹探测器不同，量能器（图 3.17）必须尽可能的大和重，从而让即使最有冲力的粒子们停下来。量能器的作用是测量从对撞点发出的每个粒子携带的能量，几种量能器一起工作，可以做到对中微子以外的所有粒子都敏感。它们有两种类型：电磁量能器和强子量能器。正如它们的名字所表明的那样，第一种量能器可以拦截任何参与电磁相互作用力的粒子，比如光子和所有的带电粒子。但是只有光子和电子会在这个器件中失去所有能量，因为能量损失过程对于更重的粒子很快就变得不那么有效了。第二种类型的量能器只作用于强子，即由夸克构成的粒子，这些粒子可能带电也可能不带电。质子、中子、p 介子和其他强子将在这里失去它们的所有能量。

>> 图 3.17：安装过程中的一个 ATLAS 量能器。
资料来源：ATLAS 合作组。

μ 子探测器

ATLAS 探测器的最外面一层是专用于探测 μ 子的。你可能还记得，μ 子和电子类似，但是重 200 多倍，因此它在电磁量能器中损失的能量非常小。而且，由于它不是由夸克构成的，所以它不与强子量能器相互作用。它是唯一能够通过两个量能器的带电粒子，因此也唯一能够到达 ATLAS 探测器的最外面一层，被适当地命名为 μ 子探测器（图 3.18）。这些实际上形成了一个径迹探测系统，提供信息来重建 μ 子轨迹。

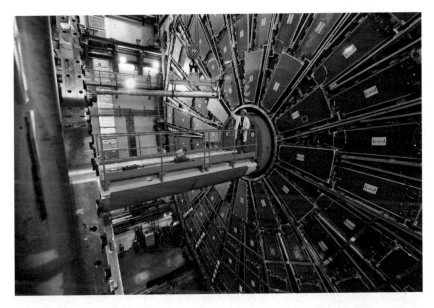

>> 图 3.18：在 ATLAS 探测器的两个巨型"μ 子车轮"之一的前面获得好的自拍并不容易。
资料来源：CERN。

粒子识别

通过结合径迹探测系统接收到的信息、轨迹的曲率、量能器中存储的能量以及 μ 子探测器中的信号，我们可以猜测对撞出来的每个粒子的身份，如图 3.19 所示。这就像在新的雪地里寻找径迹一样，一个经验丰富的人可以很容易地区分狐狸的脚印和兔子或滑雪者的脚印。同样，当穿过探测器的各个层时，粒子会留下不同的印记。以实线表示的带电粒子在径迹探测器中留下信号，而虚线所示的中性粒子则留不下来信号。电子和光子很容易区分，这两种粒子都将能量存储在电磁量能器中，即从对撞点向外跑的粒子遇到的第一层量能器，但是只有电子在径迹探测系统中留下一条径迹。质子与中子也有区别，因为质子的径迹与其在量能器中的能量沉积相关联，而

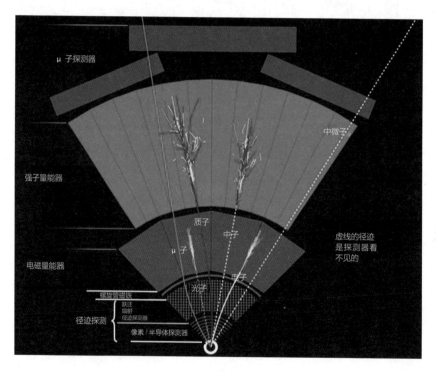

>> 图 3.19：ATLAS 探测器的不同层中各种粒子的特征标记。
资料来源：ATLAS 合作组。

中子只在强子量能器中留下信号。μ 子是最容易识别的粒子，因为它在径迹探测器和 μ 子探测器中都留下一个径迹，而在两种量能器中几乎没有任何能量沉积。

我们甚至可以探测到"不可见"粒子的存在，那些不与探测器相互作用的粒子，例如中微子，这些粒子在图 3.19 中用白色的虚线表示。因为所有的事例都必须符合能量守恒的原则，所以每一个事例都必须在各个方向上能量平衡。就像烟花一样，我们总是观察到碎片飞向四面八方。这里我们必须重建属于相同对撞的所有径迹，考虑量能器中沉积的能量，并最终（至少在垂直于束流的平面内）确保一切均衡。在对撞之前，质子不会在这个平面上移动，因此，对撞后的衰变产物也不应该移动。

在图 3.20 中，左图中的红色直线表示一个能量非常高的 μ 子的径迹。很容易看到，我们正在处理一个 μ 子，因为这条径迹在 μ 子探测器中留下了一个信

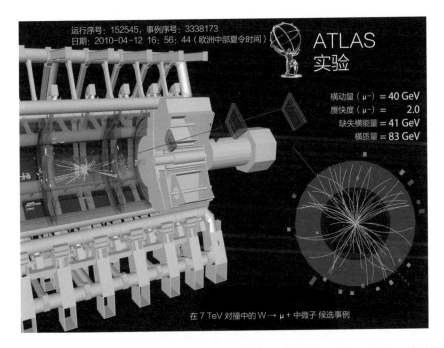

>> 图 3.20：ATLAS 收集的具有 W 玻色子特征的事例，W 衰变成 μ 子（红线）和 μ 子中微子（红虚线）。

资料来源：ATLAS 合作组。

号，由它穿越过的那几块绿色小面板表示。右图给出了在垂直于束流的平面上为该事例重建的所有径迹的投影。μ 子的径迹由红直线表示。其他弧形的径迹（橙色）表示存在来自同时发生的其他对撞的那些低能量粒子。虚线表示着缺失能量的方向，该能量是将所有存储在这个事例中的能量加起来之后计算出来的。我们把这个缺失的能量与一个没有与探测器相互作用的粒子联系起来，这个粒子是不可见的，它已经从探测器里逃脱，带走了事例中的一些能量。在这种情况下，缺失的能量归因于 μ 子中微子。把 μ 子和这个中微子的能量合起来，我们得到一个质量为 83 GeV 的粒子，这或多或少是一个 W 玻色子的质量。这个事例很可能对应于一个 W 玻色子衰变成一个 μ 子和一个 μ 子中微子，尽管它也可能是由另一个模仿它的识别标志的事例造成的。在粒子物理学中，一切都是统计学的问题，人们永远不能 100% 地确定一个事例是完全精确的，因为总有一些背景噪声，我们将在下一章讨论。

触发

一个事例是 2 个质子对撞后产生的粒子衰变的重建图像，探测器的每一层都会提供所需的部分信息。ATLAS 探测器包含 1 亿个不同的信号通道，每个事例都对应于 1 亿片拼图板重建的图像。我们要从所有的子探测器产生的 1 亿条小信息中重建出最初的图像。这正是一个 100 万像素的相机所做的，每个图像由 1 亿个小点或像素组成。不过，一个很大的区别是：ATLAS 探测器会捕捉每件事例的快照，每秒钟有高达 4000 万个事例。但是我们无法保存那么多的数据，所以很多这样的快照都会被扔掉。仍然很难办！

探测器就像一名游客度假一样，几乎总是在拍照。事实上，每 25 纳秒就拍一张快照，这是 2 个质子团相继通过的时间。这导致令人难以置信的速率，每秒有 4000 万张照片（或事例）。毫无疑问，我们很快就会被数据所淹没，正如我们度假归来时面对一堆待分类的照片一样。因此，我们必须事先决定什么样的事例值得保留，这是一个称为触发器的复杂系统的作用。

对于 ATLAS 实验，这种选择性分类是在两个层次上完成的。在第一阶段，超快电子模块在约百万分之二秒的时间内确定刚发生的事例是否可能有趣。它们是通过寻找由撞击到探测器的特定部分的粒子引发的信号来完成的。例如，在 μ 子系统中检测到的高能 μ 子可能来自于在一次非常强烈的碰撞中产生的可能有趣的重粒子，在量能器中存储了高能量也是可寻找的信号。在这个阶段，我们每秒只保留 75000 个事例。

然后，巨大的计算机网络接下来对这些保留事例中每一个的潜力进行更详细的估计。用一系列比较简单的、可以很快执行的算法，通过寻找明显的特征在每秒钟内选出最有希望的 200 个事例。只有这些才将被保留，其他事例直接扔进垃圾桶，并永远消失，没有第二次机会。我们必须把事情做好，即使在现阶段，我们也没有时间重建这些保留事例的细节。

然后，用一个巨大的称为计算网格的电脑网络将保存下来的事例分发到世界各地，进行最后的和全面的重建。就 ATLAS 而言，该计算网格将这项任务分配给位于 11 个国家的数十万台互连的电脑。一旦被重建起来以后，这些事例就交给物理学家从各个角度进行分类和仔细审查。

那是物理学家寻找新粒子的数据分析阶段。我们将在下一章看到数据分析工作是如何进行的。

本章要点

当我们想探索无限小的世界时，一切都是巨大的。粒子物理中使用的两个主要工具是加速器和探测器。一台加速器，如 LHC，把质子加速到接近光速的速度后让它们迎面对撞，新粒子从对撞时释放的能量中涌现出来。四个大探测器位于 27 千米长的 LHC 环上，用于探测新产生的粒子分解后的碎片。探测器由一些同心层组成，每一层提取为重建质子对撞中产生的粒子所需的部分信息。因此，探测器就像一个巨大的照相机，拍摄这些事例的快照，这些事例是从 1 亿条小信息中重建出来的，就像拼图游戏一样。最后一项任务包括对所有这些事例进行分类，以提取其中最有趣的，可能揭示存在新粒子或现象的那些事例。

第 4 章

希格斯玻色子的发现

我们有了一个伟大的加速器（LHC）和最先进的探测器。我们接通和开启了所有部件后，它们几乎①马上就开始工作了。我们持续收集了数十亿个对撞事例。然后呢？我们是如何找到希格斯玻色子的呢（图 4.1）？下面是数据分析的漫长过程。

希格斯玻色子是一种非常不稳定的粒子，在其产生后仅仅存在 10^{-22} 秒，即一百万亿亿分之一秒（换句话说，不是很长）。它几乎立即分解，产生其他粒子。

>> 图 4.1：如果只像在一个大干草堆里找一根针，发现希格斯玻色子就不会那么辛苦了。但是如果有足够多的干草填满无数的谷仓，怎么去找那一根针呢？
资料来源：玛丽昂·哈姆。

———————

① 从 2008 年 9 月 10 日开始，所有事情都进行得非常好，但 9 天后发生了一次重大事故。它造成了相当大的损毁，加速器停止运行了一年多。

这并不意味着其他粒子包含在希格斯玻色子中，而只是与希格斯玻色子的质量相当的能量以更小的粒子的形式再现。因此，我们从来没有观察到希格斯玻色子本身，只观察到了它的衰变产物。对于一个粒子来说，衰变就像是把一枚大币值硬币兑换成小币值硬币。例如，一枚 1 欧元硬币可以兑换成 10、20 或 50 欧分硬币的各种组合。同样，很多粒子（如希格斯玻色子）都可以多种方式衰变，每种不同的方式被称为一条**衰变道**。

衰变道

用标准模型，理论物理学家可以预言观察到每条衰变道的概率（一颗粒子以一种特定方式分裂的次数），但这些预言取决于希格斯玻色子的准确质量。然而，在发现它之前，我们并不知道它的质量。这有点儿像在不知道广播电台的频率的情况下要去获得非常重要的广播消息。这并不容易，特别是如果信号很弱并且存在很多"静态"噪声时。对希格斯玻色子而言，当 ATLAS 和 CMS 探测器开始记录事例时，我们不知道它的"电台频率"：我们只知道它的质量必须在 114 GeV 到 157 GeV（质子的质量接近 1 GeV）之间，因为在 LHC 之前进行的其他实验里，超出这些值的范围没有发现它。

正如我们在第 2 章中看到的那样，这个理论假定粒子的质量取决于它与 Brout-Englert-Higgs 场的相互作用的强度。重粒子与希格斯玻色子的相互作用更多。换句话说，希格斯玻色子喜欢衰变成重粒子。假设标准模型的这些预言是正确的，那么即使不知道它的确切质量，我们也可以知道希格斯玻色子衰变的可能方式。最重的粒子是**顶**夸克[①]，质量为 174 GeV。但是质量在 114 GeV 到 157 GeV 之间的希格斯玻色子不会衰变成 2 个顶夸克，因为它们太重了。然后，一个更好的选择是衰变成一对**底**夸克和**反底**夸克，即顶夸克之后的次重的夸克。

---

① 指在迄今已发现的范围内。——译者注

衰变成夸克

不幸的是，还有其他的方法也产生**底**夸克对和**反底**夸克对，使得它们难以与由希格斯玻色子的衰变而产生的夸克对区分开来。更何况，一旦衰变产物中有夸克，就很难清楚地看到发生了什么事情，因为夸克从来不孤单。它们总是与其他夸克相互环绕着而形成强子（由夸克构成的那类粒子）。

夸克通常是成对产生的，并通过像橡皮筋一样的胶子连接在一起。想象一下，橡皮筋的末端代表了夸克。当两个夸克试图高速离开时，橡皮筋最终会断裂。一根橡皮筋成为两小段，每段都有两个末端。在我们的比喻中，我们于是会有 4 个夸克。由于它们也是由很多能量产生出来的，这些夸克也将继续分离，直到它们弄断它们自己的那段橡皮筋，产生更多的夸克。反过来，所有这些夸克又将形成新的轻的强子。

最后，我们获得了包含一些强子的**喷注**。由于一束喷注中有许多粒子，它们的能量比单个粒子如电子、光子或 μ 子更难被测量。因此，用这些粒子的喷注获得高精度的结果并不容易。这就是为什么包含夸克的衰变道没有被用来发现希格斯玻色子，即使许多产生出来的希格斯玻色子衰变为**底**夸克。

在充裕和干净之间的选择

有些衰变道更充裕，另一些更干净，也就是说背景噪声更少。不幸的是，这两个特征很少会聚到一起。虽然乍一看，在最常出现的衰变道中寻找希格斯玻色子似乎是明智的，但由于背景噪声的原因，这并不总是最好的方法。

让我们回到我们的频率不明的广播电台的例子。最好尝试使用更能滤除噪声的设备检测其信号，而不是使用超灵敏的收音机，因为用后者我们听到的大多将是背景噪声。尽管如此，科学家们必须检验所有的可能性来了解整体情况。因此，我们尝试在几个不同的衰变道中测量希格斯玻色子的质量，以确保一切都是清晰自洽的。这样，我们也可以检验自然界是否按照理论预言的那样运作。

信号和背景

标准模型预言希格斯玻色子有时会衰变成 2 个 Z 玻色子，但是该模型也预言，直接生成 2 个 Z 玻色子（而不涉及任何希格斯玻色子）要容易得多。所以如果我们在一个事例中发现 2 个 Z 玻色子，这并不一定表示希格斯玻色子的存在。事实上，这 2 个 Z 玻色子更有可能来自其他更普通的过程。当我们寻找稀有的东西时（例如希格斯玻色子衰变成 2 个 Z 玻色子），这些众所周知的过程会阻碍我们。

因此，包含 2 个 Z 玻色子的事例有两类：一类是**信号**，表示包含希格斯玻色子的所有事例；而另一类是**背景噪声**，表示所有其他来源的事例。在我们的广播电台的例子中，信号是广播的信息，背景是静态噪声。如果背景噪声太多，同时信号太弱，我们就无法从背景噪声中区分出信号，因而什么也听不见。

衰变到 4 个轻子

就像希格斯玻色子一样，Z 玻色子也是不稳定和短命的。它们衰变的一种方式是产生一对轻子（2 个 μ 子或两个电子），尽管它们以 10 倍多的概率更经常衰变成夸克。但是，有这么多含有夸克的背景事例，几乎不可能找到这样的信号。这就像在重金属音乐会上试图用耳朵来寻找一只蟋蟀一样！最后，选择出现频率较低但容易识别的事例比较简单，比如那些含有 4 个 μ 子、4 个电子或 2 个 μ 子和 2 个电子的事例。当然，这些事例比较少，但另一方面，背景噪声却少得多。因此，我们可以更容易地找到那个难以捕捉的广播电台。

要选择信号，我们必须应用选择标准来仅仅保留包含 2 个 Z 玻色子的事例。每个 μ 子对或电子对的组合能量必须对应 Z 玻色子的质量或与其相近的质量。让我们回到一个粒子的衰变和一枚硬币的兑换之间的比喻，如果我们手中的所有小硬币都是由一枚大硬币兑换来的，它们的总和会等于原来那枚大硬币的价值。但是，如果那些零钱只是从放空钱包而来的，那么我们就会有随机的数量，因为这些小硬币不会来自一枚独特的大硬币。

同样的事情发生在从 Z 玻色子衰变以外的其他来源产生的 2 个电子或 2 个 μ 子。它们的组合质量会给出随机的值。因此，我们可以抛弃 2 个电子或 μ 子的组合质量与 Z 玻色子的质量不相容的所有事例。在我们选择了包含 2 个 Z 玻色子的所有事例之后，剩下的最后一项任务是确定哪些事例来自希格斯玻色子。同样的情况：我们结合 2 个 Z 玻色子的质量和能量，看看它们是否都对应于相同的值。所有来自希格斯玻色子的事例将归结于相同的质量的值（附有一些可允许的误差，如以下"质量：一个非唯一的值"的文本框中所解释的），而对应于背景噪声的组合质量将给出一个很宽的随机值的范围。

质量：一个非唯一的值

让事情更复杂一点的是，一个粒子的质量并不是像硬币的币值一样总是具有相同的数值。在粒子物理学中，粒子的确切质量存在一些模糊性。在衰变时，粒子会像在加拿大找零钱一样，四舍五入到最近的 5 分钱。

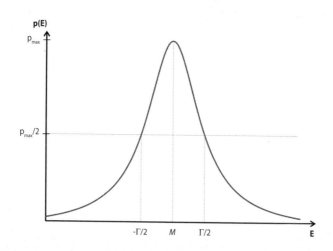

>> 图 4.2：基本粒子的质量不是固定的，而是变化的：它可以取不同的值。测量特定值的概率由该图的纵轴给出。最有可能的值是中心值 M。这就是当我们谈论一个粒子的质量时给出的值。
资料来源：维基百科。

质量中的这种不确定性称为粒子的**宽度**，Z 玻色子并不都具有完全相同的质量。而且，正如粒子物理学中经常出现的情况一样，一切都是一个概率问题。图 4.2 中的曲线给出了测量一个粒子的给定质量的概率，最可能的值是中心值，例如 Z 玻色子的 91 GeV。如果我们要测量许多粒子的质量，例如几百或几千个 Z 玻色子的质量，就可以得到如图 4.2 所示的曲线。

在中等高度处，如图 4.2 中的水平线所示，概率曲线上两点之间的距离给出了宽度。这个宽度与粒子的寿命有关。用数学术语来说，我们通过取其宽度的倒数来计算粒子的寿命。一个粒子在衰变道方面的选择越多，它就能分裂得越快。它的寿命减少，宽度就增加。这有点儿像几家航空公司提供航班到同一个目的地，那么就很容易订到一个座位。相反，如果航空公司的选择是有限的，订到一个座位就会比较难。同样，如果粒子难以找到衰变通道，则需要更多的时间来衰变，它的寿命就更长。

标准模型预言希格斯玻色子的宽度是 4 MeV。这比分别为 2500 和 2000 MeV 的 Z 和 W 玻色子的宽度（相当于它们质量的大约 2.5%）要窄得多。希格斯玻色子的"自然"峰值在 125 GeV 左右，因此比 Z 和 W 玻色子的峰要细得多。当我们通过实验测量宽度时，探测器的分辨率增加了这个自然的宽度。在宽度上的差异使希格斯玻色子的寿命比 Z 和 W 玻色子的寿命长近 500 倍。

我们可以从包含 2 个 Z 玻色子的事例中重建希格斯玻色子的质量。如果我们在许多不同的事例中测量几个希格斯玻色子的质量，那么从不同质量值得到的分布将会给出与图 4.2 中的曲线相类似的曲线。另一方面，如果 2 个 Z 玻色子来自背景噪声，我们将获得随机的质量值而不是一个峰。

Z 玻色子的质量是 91 GeV，希格斯玻色子的质量是 125 GeV。原则上，希格斯玻色子太轻，不能产生 2 个 Z 玻色子，因为每个 Z 玻色子的质量都是 91 GeV。但是质量不是像 91 GeV 加上 91 GeV 那样简单地加起来，因为质量的值可以变化。这就像货币和购买力的情况，原则上，你的口袋里只有 125 美元，你是不能购买两件价值 91 美元的物品。这是真的，除非你发现其中一件在什么地方降价出售，这就更困难了，但并非不可能。一个希格斯玻色子只有在其中一个 Z 玻色子"降价"，即远离其中心质量值的情况下，才能买得起 2 个 Z 玻色子。但是，越远离中心值，发现一个质量减小的粒子的概率越小。所以，很少看到具有 125 GeV 质量的希格斯玻色子产生 2 个 Z 玻色子。因此，这种衰变道并不经常发生；但另一方面，它的背景噪声的水平是可控的。

　　另一个按理来说可能的黄金衰变道是希格斯玻色子衰变成 2 个 W 玻色子，因为 W 玻色子比 Z 玻色子轻，质量为 80 GeV，而不是 91 GeV。尽管希格斯玻色子更喜欢衰变成重粒子[1]，但希格斯玻色子进入 W 玻色子的衰变道更为频繁，因为它可以更经常地负担得起[2]。一个 W 玻色子可以衰变成一对夸克，但如前所述，总是有太多的背景噪声。另外，一个 W 玻色子也可以分裂成一个 μ 子和一个中微子，或一个电子和一个中微子。由于中微子是探测不到的，这就增加了更多的复杂性，而且这种方法不够精确，因为我们必须从缺失的能量中去估计中微子的能量。因此，这个衰变道仅用于验证希格斯玻色子的存在，而不是用于估计其质量，至少没有用在发现希格斯玻色子的期间，那时可用的数据较少。

更复杂的衰变道

　　希格斯玻色子也可以通过其他粒子间接衰变，例如衰变为 2 个光子的情况。由于光子没有质量，它们不直接与希格斯玻色子相互作用。然而，如图 4.3 所示，希格斯玻色子可以通过包含**虚粒子**的中间内部"回路"间接地衰变为光子。虚粒子是短暂地通过"借用"形成它们所需的能量在极短的时间里产生的，这就

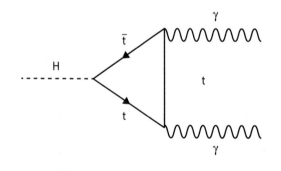

>> 图 4.3：说明希格斯玻色子（表示为"H"）如何通过虚拟顶夸克（t）衰变成 2 个光子（γ）。
资料来源：乌尔里克·埃格德。

---

① 请参阅本章的头两页上的"衰变道"那一节。——译者注

② 就像上一段所比喻的 125 美元很少可以买到两个 91 美元的物品，而买到两个 80 美元的物品的机会可能更多一些。——译者注

像使用信用卡购物。但是，正如银行一样，借贷从来都不是简单的，这种衰变很少发生。

由图 4.3 中的字母 H 代表的希格斯玻色子分裂成 2 个虚拟的顶夸克，用 t 表示。这些不是真正的**顶夸克**，因为它们 174 GeV 的质量太重，不能从质量为 125 GeV 的希格斯玻色子产生。第三个**顶夸克**与前两个相互作用产生 2 个光子。最后，3 个顶夸克实际上进行了虚干涉，只剩下 2 个光子，由希腊字母 γ（伽马）表示。

我们还可以通过将其他重的虚粒子插入回路或通过其他更复杂的过程来获得 2 个光子。鉴于其复杂性，这些过程是极其罕见的，尽管仍然有可能。所有以上过程都具有这样的特性，即当两个光子的能量结合在一起时，给出希格斯玻色子的质量。乍一看，这似乎不是发现希格斯玻色子的最好方法。然而，正如我们将要看到的，这个衰变道在发现希格斯玻色子的过程中发挥了至关重要的作用。

事例的模拟和校准

如果我们不能准确地知道从背景噪声中发出多少事例，我们将无法确定有多少事例是从信号来的。这就是为什么物理学家求助于一个重要的工具：事例的模拟。这些模拟事例是当 2 个质子对撞时探测器中的粒子留下的信号的精确复制品。这些事例集中了过去几十年来进行的所有粒子物理实验所获得的所有知识。理论物理学家们综合所有这些已获得的知识，并将其转化为对产生不同粒子的概率的预言，以及这些粒子将通过某一个特定的衰变道衰变的概率。

然后，实验工作者们模拟从这些衰变发出的所有粒子穿过他们的探测器时的旅程，以便人为地产生模拟的事例，尽可能忠实地复制真实的事例。对现实世界实现近乎完美的复制需要相当大的努力，因为必须检查每一个可想到的方面。我们必须模拟两件事情：所有已知的物理过程和数以百万计的探测器读出通道对不同类型粒子通过时的响应。此外，我们必须考虑到，我们从来不是只观察一个单一对撞的事实，而是平均大约 20 到 40 个同时发生的低能量对撞。这些模拟被冠名为**蒙特卡洛模拟**，是参照位于摩纳哥蒙特卡洛的赌场，因为在粒子物理学中，几乎所有东西都归结为一个概率问题。

校准

在走下一步之前，甚至在能够使用模拟之前，我们必须确保对数亿个探测器读出通道进行适当的校准。为此，我们不断测量和重新测量多个众所周知的量，以交叉检查整个探测器的校准，这是一项艰巨的任务。我们必须一次又一次地核实，确保精确测量粒子的能量和位置，而不依赖于外部因素。为此，我们需要跟踪环境湿度、大气压力的变化、某些组件的故障、不同的探测器所使用的各种气体的组成、探测器的每个角落的温度，以及许多其他变量。

当所有的探测器层都被完全校准后，数据将精确地再现所有的已知量（图4.4）。下一步是比较模拟和实际数据，对模拟结果进行标定，这个过程是不断发展的。我们将数百个由探测器测量的参量与模拟事例中的相同参量进行比较，只有这样，我们才能确定，适用于模拟的选择标准对实际数据的影响是完全相同的。最后一个阶段是确保应用在模拟和实际数据的所有的选择标准是完全相同的，这些选择标准包括从对撞条件和触发的运算法则到粒子的行为，等等。

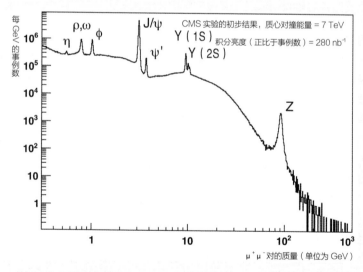

>> 图 4.4：此图的横轴显示了 2010 年 CMS 探测器最开始运行时所确定的 μ 子对的组合质量。那些峰对应于各种粒子 [ρ、ω、J/ψ、Υ（1S）、Υ（2S）和 Z 玻色子] 的质量。竖轴给出了每个质量值处所找到的 μ 子对的数量。由于这些粒子在过去被其他实验识别了很多次，所以它们的质量值是众所周知的。把使用 CMS 探测器测得的质量与已知值进行比较，可以校准探测器。请注意，两个坐标轴都使用了对数刻度。
资料来源：CMS。

为了找到希格斯玻色子，首先必须找到 2 个 Z 玻色子，然后重新组合它们。对于 Z 玻色子，我们可以选择包含 2 个高能电子或 μ 子的所有事例，然后将它们组合，以获得所有这些轻子对的组合质量值的分布图。原则上，我们应该找到一个 Z 的质量曲线，其中心波峰与 Z 玻色子的质量完全一致，叠加在各种背景之上。我们可以验证模拟事例和真实事例给出完全相同的曲线。否则，我们必须找到模拟程序代码的哪些参数必须调整。

对这些模拟的众多参数之一进行细微的修改可能对其他变量产生负面影响。这是一个非常微妙的运作，类似于建造一座纸牌屋。只要一个小组建议修改模拟的一个参数以便改善与一个子探测器的实际数据的一致性，则所有其他小组必须估计所提议的修改将对探测器的其他部分或另一个物理过程产生的影响。我们必须确保这个修改在每一个可能的方面都实际上改善了模拟与真实数据之间一致性的质量。

如何避免对结果施加不良影响

模拟事例（见以上"事例的模拟和校准"文本框），基于理论知识和复制探测器的功能，是用来预言期待中的结果的。它们是避免对测量施加不良影响的重要工具。所有为了发现新粒子（如希格斯玻色子）而选择的标准，都必须严格建立在模拟事例之上。任何对这条规则的违反都是被禁止的，因为它可能会对结果施加不良影响。直到最后一刻，进行数据分析的物理学家才会看真实的数据，只用来检查校准和检查数据与事例模拟之间的一致性，而从来不建立搜索策略。

这些事例模拟不仅复制了所有众所周知的背景过程，例如 2 个 Z 玻色子的产生，而且也复制了诸如希格斯玻色子衰变为 2 个 Z 玻色子的信号。理论物理学家们考虑的所有假设，甚至是最牵强的假设都被模拟，并与实验数据进行比较，以期揭示新的现象。

为了设计一套分析方法，并发现希格斯玻色子，我们首先使用事例模拟来检查信号和背景噪声的特性。然后，我们可以建立最佳的选择标准，去消除最多的背景噪声，同时保留尽可能多的信号。一旦这些标准建立起来，它们将成为不可改变的。因此有必要确保所选的选择标准能产生最好的信号——噪声比例[①]。

统计学的方法

如果我有四个 50 欧分的硬币，谁能告诉我这些硬币是由一枚两欧元硬币还是两枚一欧元硬币（图 4.5）兑换来的？当这些硬币是粒子时，我们几乎可以实现这种区分，但是必须依靠非常复杂、先进的统计学方法。

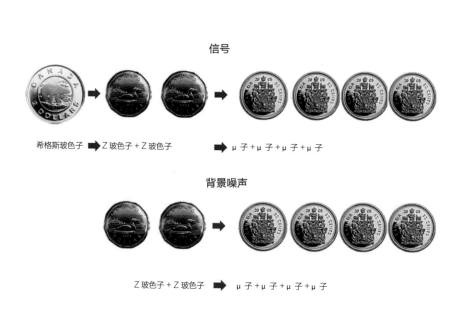

信号

希格斯玻色子 ➡ Z 玻色子 + Z 玻色子　➡ μ 子 + μ 子 + μ 子 + μ 子

背景噪声

Z 玻色子 + Z 玻色子 ➡　μ 子 + μ 子 + μ 子 + μ 子

>> 图 4.5：同样的小硬币可以来自对不同硬币的兑换，正如某些事例（背景噪声）可以模仿我们正在寻找的事例类型（信号）的识别标志一样。
资料来源：宝琳·加尼翁，Pixabay 图片网站。

为了发现希格斯玻色子，我们所使用的方法是估计来自背景噪声的事例有多少可以通过选择标准，同时可以保持最大的信号。这可以通过两种方式实现：要么使用事例模拟，要么直接从数据中评估背景噪声。例如，如果我们在特定的质

---

① 简称"信噪比"。——译者注

量区间中寻找希格斯玻色子，我们可以评估另一个质量区间的背景水平，然后外推到感兴趣的区间。

一旦选择标准被确定了，我们将它们应用于实际的数据。然后，我们可以观察是否保留的事例仅对应于背景噪声的模拟，或者是否有一个小的超出可归因于我们的信号。

制作希格斯玻色子糖浆的配方

我们经常听到有关寻找希格斯玻色子的"希格斯狩猎"这个说法，就好像我们要找到一个猎物，开枪射杀，把它的肚子填上后挂到墙上一样，没有什么比这更离谱的了。寻找希格斯玻色子不是狩猎，而更像是聚会。事实上，这很像制作枫糖浆（图 4.6）。所以下面是我给出的制作希格斯玻色子糖浆的配方。

>> 图 4.6：位于加拿大魁北克省萨格奈（Saguenay）河上的圣玫瑰北区（Sainte-Rose-du-Nord）附近的拉库兹（Lacoudès）枫糖屋。寻找希格斯玻色子非常像制作枫糖浆。
资料来源：伊夫·拉格塞。

为了制作好的枫糖浆，首先要找到合适的树种，即糖枫树，避免其他树种，如桦树或白蜡树。糖枫树汁中的糖分是我们的信号，而其中的水分是我们的背景噪声。从其他树（特别是其他相似的枫树种，但其汁液不太甜）收集树汁，只会增加背景噪声，这就稀释了我们的信号。我们必须一滴一滴地收集枫树汁，就像每当质子在 LHC 中对撞时，我们逐一积累事例一样。每提取 1 升枫糖浆，必须煮沸 27 升枫树汁。同样，我们必须收集 600 万个事例，希望从中找到一个希格斯玻色子。

误差范围

在实验测量中，必须始终考虑误差范围。因为粒子物理不遵循固定的规律，而是遵循统计学规律，所以信号和背景事例的数量可能会有涨落。下面是一个例子来说明这是如何工作的：想象一个装满玻璃弹球的袋子，其中一半的弹球是绿色的，另一半是蓝色的。假设我让你取出 10 个弹球的样本来估算袋子里的绿色弹球的百分比。这 10 个弹球中有多少个是绿色的？5 个？6 个？2 个？所有这些数都是可能的，虽然抽出 5 个绿色的弹球肯定比只抽出 2 个绿色弹球更有可能。

另一方面，如果你随意抽取的不是 10 个而是 100 个弹球，你会得到多少百分比的绿色弹球呢？45% 到 55% 之间的任何值都是非常可能的，尽管稍微多一点儿或少一点儿也是可能的。但是，如果抽取一千个、一万个甚至更多弹球的样本，绿色弹球的比例将非常接近 50% 的概率会特别高。测量样本（随机抽取的弹球数量）越大，找到真实答案的机会就越大，即 50% 的弹球是绿色的。但是，当处理非常小的样本时，如果得到的值远离 50%，例如 20% 或 30%，则不足为奇。

当我们以提取信号为目标来选择事例时，信号和背景事例的数量可能都会有很大的变化，特别是如果选择的样本很小的话。将这些**统计变动**考虑在内，并添加到实验误差中，就可以确定总的**误差范围**。这个区间被设置得足够大，那么区间内就有 68% 的可能性存在正确的答案。根据定义，这就是一个**标准偏差**。而正确答案有 95% 的可能性就在两个标准偏差之内。

当寻找一个可能的信号时，人们在减去背景噪声之后，将信号强度与这些统计涨落进行比较。一个信号至少是可能的统计涨落（信号和背景噪声的涨落合起来）的 5 倍，对应于在粒子物理中使用的 5 个标准偏差（或 5 个西格玛）的准则。使背景噪声大于 5 个标准偏差的概率是三百五十万分之一。这是让研究人员有权打开香槟酒瓶[①]的准则（图 4.7）。

图 4.7：2012 年 7 月 4 日在 CERN 宣告发现希格斯玻色子之后，弗朗索瓦·恩格勒和彼得·希格斯教授正在进行热烈的讨论，这两人在此之前从未见过面。
资料来源：CERN。

最后一程

当然，再等上几个月，积累更多的事例样本，花更多的时间来平静地分析一切，可能会更容易。除了在 2012 年夏天，CMS 和 ATLAS 团队之间为发现希格斯玻色子的竞争曾经非常激烈。那一年度的世界上最大的粒子物理学会议

---

① 庆祝有了新的发现。——译者注

将于 7 月 4 日开幕，这两个合作组都希望在那里展示他们最新的成果。与此同时，整个 LHC 项目的可信度正在受到威胁。世界各地的人们都期待着得知希格斯玻色子是否真的会出现，以及对它的预言是否是纯粹的幻想，压力达到顶峰。ATLAS 和 CMS 合作组的成员在智慧和效率方面做出了巨大的努力，从当时可用的数据中提取最大的信息。这些努力得到了很高的回报，因为两个实验都达到了 5 个标准偏差。

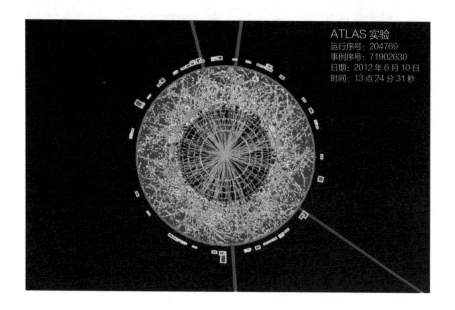

>> 图 4.8：ATLAS 捕获的一个事例具有希格斯玻色子衰变为 2 个 Z 玻色子的特性，每个 Z 玻色子接着产生 2 个 μ 子。4 条红线表示 μ 子的径迹。
资料来源：ATLAS 合作组。

发现

直到粒子物理大会召开的前一周，两个团队一直在累积着数据，以便最大限度地增加数据样本的大小。要完成对最新记录数据的强制校准步骤和质量检查，需要一定的时间。尽管他们在不同的时区都有工作团队，但因为绝对没有多余的时间，所以许多关键人物都是日夜工作。粒子物理大会召开的前几天，使用事例模拟建立的选择标准首次应用于真实数据，最终显示有多少事例通过了选择标准（图 4.8）。以下是 ATLAS 合作组于 7 月 4 日发布的内容，CMS 实验的结果同样令人印象深刻。

在图 4.9 中，纵轴给出收集的事例数量，而横轴显示满足选择标准的所有事例中 4 个轻子（μ 子或电子）的以 GeV 为单位测量的组合质量。红色的部分对应于来自主要背景噪声（两个直接产生的 Z 玻色子）的从模拟中建立的事例。紫色部分代表其他来源的背景噪声；黑点表示在 ATLAS 探测器收集的数据中发现的事例数。每个点上的竖线表示可能的统计涨落和实验误差的大小，红色部

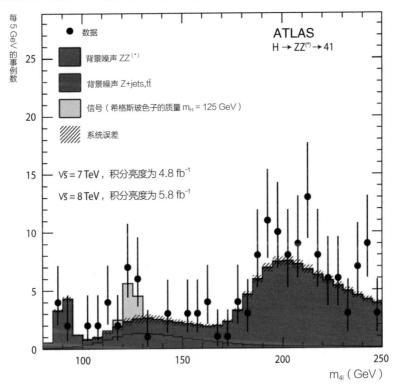

>> 图 4.9：2012 年 7 月 4 日由 ATLAS 合作组展示的一张图，用于证明一种新玻色子的发现。竖轴给出了找到的事例的数量，它们都满足设计好的标准，这些标准用于选择包含通过 2 个 Z 玻色子衰变为 4 个轻子（μ 子或电子）的希格斯玻色子的事例，横轴给出这 4 个轻子的组合质量。模拟的背景噪声用红色和紫色表示，这对应于与信号具有相同特性但是来自其他来源的其他类型的事例。淡蓝色的超出部分对应于质量为 125 GeV 的希格斯玻色子的理论预言，黑点对应于真实的数据。我们必须将这些黑点的分布与模拟预言的从背景来的分布（以红色显示）进行比较，并确定是否有来自背景以外的其他来源的显著超出。在这个图中，这种超出只发生在 125 GeV 左右。资料来源：ATLAS 合作组。

分上沿处的阴影区域对应于背景噪声中可能的涨落。

　　如果由黑点给出的实验数据与背景噪声的分布吻合，考虑到所有可能的统计涨落，我们可以得出结论，没有希格斯玻色子。（而在图 4.9 中，）背景大概是我们在所有的质量值处所看到的：黑点在各处都或多或少地再现了红色区域，除了在大约 125 GeV 的地方。在那里，超出的事例清晰可见，不能用该区域背景噪声的统计涨落来解释。另一方面，这个超出与模拟预言的信号事例数完全一致，即对于一个具有 125 GeV 质量的希格斯玻色子，如浅蓝色所示。

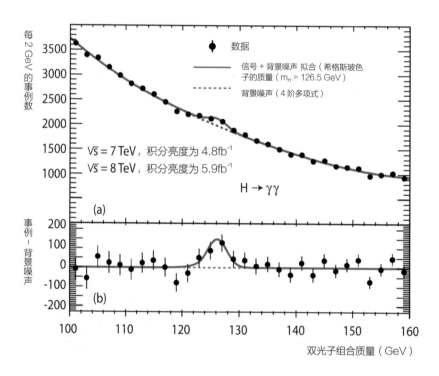

>> 图 4.10：ATLAS 于 2012 年 7 月 4 日展示的第二张图，用于证明希格斯玻色子的发现。在这张图中，所有的事例都满足对应希格斯玻色子衰变为 2 个光子的选择标准。竖轴给出找到的事例数作为 2 个光子的组合质量的函数。背景噪声（上半图中 120 到 130 GeV 之间的区域之外的实线）对应于找到的所有随机产生的光子对事例。下半图显示了减除了背景噪声后的可归因于新玻色子的超出。

资料来源：ATLAS 合作组。

所有这一切在本质上都是非常有希望的，但在宣布胜利之前，我们不得不验证我们在其他衰变道中也获得了信号，最令人信服的是希格斯玻色子衰变成 2 个光子的衰变道。图 4.10 显示了这个分析中选择的所有事例中，两个光子的组合质量分布图。黑点再次表示实验数据，虚线表示所估计的来自背景噪声的事例数。该曲线重新组合了包含两个独立产生的光子的所有事例。

在由虚线表示的区域中（在大约 120 GeV 和 130 GeV 之间）的背景噪声的量，是从在该区域之外观察到的背景噪声水平（红色曲线）外推而来的。这种方法完全依赖于数据，而不涉及模拟，这限制了误差范围。如果我们从数据中减去估计的背景事例的数量，我们可以得到在下半图给出的小的超出。再者，我们有比归因于背景的更多的事例。如果这个超出不是来自背景噪声的话，那么一定有另外一个来源，就是人们所期待的信号：希格斯玻色子衰变到 2 个光子。

2012 年 7 月 4 日，在背景噪声的可能变化之上，2 个衰变道展现了一个明显的事例超出，这 2 个"超出"表现出实质上相同的质量值。而且，CMS 和 ATLAS 两个合作组都观察到这些现象，毫无疑问地证实了存在一个具有希格斯玻色子的所有特性的新粒子。

CERN 非常热烈地宣布了这一发现，并且面向正在参加一次重要的粒子物理会议的 900 名物理学家进行了实况转播。但是，CMS 和 ATLAS 合作组还需要八个多月的时间，才能有足够的数据排除一切怀疑，来证实这个新粒子的各种特征。我们必须确保这个粒子不仅看起来像希格斯玻色子，而且还像希格斯玻色子一样歌唱、走路和跳舞。

现在，这些确认已经完成了。通过测量它的自旋（角动量），我们可以验证这个新粒子的自旋值为零。正如理论预言的那样，希格斯玻色子是唯一一个零自旋的基本粒子。与所有其他基本粒子（费米子和玻色子）不同，它在空间上没有特殊的指向。因此，希格斯玻色子也被称为**标量玻色子**，强调它的自旋为零。

但是希格斯玻色子有几种可能的版本。这是否确实是由标准模型预言的希格斯玻色子，就是那个在 1964 年由罗伯特·布罗特、弗朗索瓦·恩格勒和彼得·希格斯率先提出，以及汤姆·基布尔、杰拉尔德·古拉尼克和卡尔·哈根等人不久随后想出来的希格斯玻色子，还有待观察。它也可能是另一个在被称为超对称理论假设中的 5 个希格斯玻色子里最轻的一个，我将在第 6 章中详细加以说明。

所以，这个故事的结尾还没有写出来。这将需要时间和更多的数据，这些数据已经在 2015 年春季 LHC 重启之后开始收集，之后才会有更多的线索。

诺贝尔奖

2013 年 3 月确认的新粒子是一种希格斯玻色子，这似乎已经说服了诺贝尔委员会，罗伯特·布罗特、弗朗索瓦·恩格勒和彼得·希格斯在 1964 年的观点是正确的。罗伯特·布罗特已经去世，只有另外两个在 2013 年 10 月 8 日（图 4.11）获得诺贝尔物理学奖。这个奖金从来不会被追授给去世者，最多可以由三个人或机构共享（虽然除诺贝尔和平奖外，没有任何机构曾经获得过诺贝尔奖）。

可惜的是，委员会没有选择将此奖共同颁发给这两位理论物理学家和欧洲核子研究中心，因为如果没有实验证实，理论不会比写有理论的纸更有价值。然而，诺贝尔奖委员会明确承认了参与这一发现的成千上万人的努力：因为这个奖

>> 图 4.11：CERN 的总主任罗尔夫·霍伊尔（Rolf Heuer）与聚集在一起的一些 CMS 和 ATLAS 的物理学家对话，他们 2013 年 10 月 8 日在聆听诺贝尔物理学奖的发布。
资料来源：CERN。

项被授予给一个理论，它"最近已经通过 CERN 的 LHC 上 ATLAS 和 CMS 实验发现的它所预言的基本粒子而得到证实"①。

如果让 CERN 分享此奖，将是强调团队共同努力的好方法，现在的粒子物理学以及其他许多学科都需要大型跨国团队的共同努力。没有任何个人甚至任何一个国家能够单独推动这个领域的研究，就像我们将在第 8 章中看到的那样。尽管没有获奖，但是在颁奖当天整个实验室是欢腾的，因为我们每个人都知道我们的贡献必不可少。

一个难忘的时刻

CMS 和 ATLAS 两大合作组在 CERN 做的发现新玻色子的宣告将留在当时每个粒子物理学家的记忆中，每个人都会记得那天他们在哪里。该宣告于 2012 年 7 月 4 日上午 9 时在 CERN 的大礼堂举行（图 4.12）。虽然这个报告会在 CERN 的其他几个（同样拥挤的）礼堂以及在互联网上进行了现场直播，但是仍旧有人整夜都在排队等候，希望能在现场找到一个座位。

这个日期是为了配合在澳大利亚墨尔本举行的该年度最大的粒子物理大会的开幕而精心挑选的，我当时在墨尔本现场。但是，没有任何人，即使是 CERN 的总主任，事先清楚地知道关于这两个实验在发布会上会讲什么，直到公开宣布之前那一刻。例如，ATLAS 的最终结果在这个研讨会开始前不到三天才分发给合作组的成员们。直接参与这些分析的物理学家为了及时确定结果而日夜工作，利用不同的时区，因为他们在几个不同的大洲工作。可以肯定的是，他们中的大部分在过去几天都睡得很少。整个粒子物理界自从 2011 年 12 月以来期盼着令人有兴趣的结果，在那个月的一次 CMS-ATLAS 联合研讨会期间，证据的痕迹已经在两个合作组的数据中露出端倪。

7 月 2 日，星期一，抵达墨尔本不久，我进入一家麦当劳餐厅，利用那里的互联网连接。这是我第一次看到最新的 ATLAS 结果（揭示了新玻色子的发现）的地方。这是非常令人兴奋的，但也很令人沮丧，因为周围没有人与我分享喜悦。无论如何，我们不许在会议之前公布这些结果。整个合作组必须在结果被公开之前有机会先阅读和评论它们。因为无权访问 CMS 的结果，我疯狂地问自己同样的问题，我相信两个合作组的每个成员都在问自己这个问题：另

①　引自 2013 年的颁奖词。——译者注

一个团队看到了同样的结果吗?

>> 图 4.12:CERN 的主礼堂,在 2012 年 7 月 4 日公布发现新玻色子之前不久。在门口,排着的队延伸了超过 100 米,穿过主楼和食堂,队尾在楼外面。有些人为了获得一个座位甚至在礼堂门口等了一夜。
资料来源:CERN。

这是一个合理的问题,因为这两个团队完全独立地工作,而且相互完全保密。当然也有一些传言,但最后,事先泄露的消息很少,以免破坏正式公布时的惊喜。

于是我被安顿在墨尔本大礼堂的前排,在那儿 CERN 发布会即将向 900 名与会人员实况转播。我的角色包括代表 CERN 在量子日记(Quantum Diaries)网站的现场博客上撰写对演讲的评论,这些博客都是法文和英文双语的。在我右边,在图 4.13 的照片之外,一家主要新闻机构的记者正在努力理解那些演讲。我一方面用两种语言发表着博文,另一方面聆听着演讲,同时还提炼展现出来的信息以帮助身边这位记者。我当时就像注射了鸡血紧张地一样工作着。

>> 图 4.13：2012 年 7 月 4 日，在墨尔本正在观看 CERN 研讨会的实况转播的部分观众，研讨会宣告了一个新玻色子的发现。我坐在前排（左）。
资料来源：ARC CoEPP 的劳拉·瓦纳格斯（Laura Vanags）。

>> 图 4.14：2012 年 7 月 4 日，CMS 合作组的发言人乔·英坎戴拉（Joe Incandela）在 CERN 宣布发现希格斯玻色子的研讨会上展示了 CMS 的成果。这个研讨会现场直播给 CERN 其他几个同样挤满礼堂的观众，以及在澳大利亚墨尔本，那里 900 名物理学家正在出席一个重要的粒子物理会议。
资料来源：CERN。

　　现场气氛狂热，与这种会议通常的柔和气氛形成鲜明对比。8 点 56 分，最先提出希格斯玻色子存在的理论物理学家弗朗索瓦·恩格勒和彼得·希格斯，走进 CERN 的大礼堂，在日内瓦以及所有其他礼堂里响起雷鸣般的掌声，仿佛他们能听到我们，这是这两个人第一次见面。在日内瓦时间上午 9 点整（墨尔本 17 点）的时候，每个礼堂都沉寂了一阵。乔·英坎戴拉（Joe Incandela），CMS 合作组的发言人开始介绍 CMS 的结果（图 4.14）。9 点 40 分，很明显，CMS 有无可辩驳的证据证明发现了新的玻色子。直到那时，一直屏住呼吸的观众，在所有的礼堂里都响起了掌声。

　　然后在 10 点整的时候，轮到 ATLAS 的发言人法比奥拉·吉亚诺蒂（Fabiola Gianotti）来展示她的合作组的成果。正如乔所做的那样，她展示了为支持对所使用的方法进行的所有的仔细检查，最后在 10 点 40 分揭示了结果：另一个明确而毫不含糊的信号，来自世界各地的欢呼声和掌声响起。法比奥拉一直紧张而集中，最后才放松，并开始和观众一起欢笑。热泪盈眶的彼

>> 图 4.15：在 2012 年 7 月宣布发现希格斯玻色子之后，新闻发布会上的气氛非常喜庆和动人。来自世界各地的记者聚集在彼得·希格斯和弗朗索瓦·恩格勒周围进行采访。几分钟前，物理学家吴秀兰曾拦住彼得·希格斯，对他说："我一直找你找了二十多年！"他回答她说："好吧，现在你找到我了。"
资料来源：CERN。

得·希格斯和兴高采烈的弗朗索瓦·恩格勒发表了他们的第一印象的讲话，接着是长时间的热烈掌声（图 4.15）。

即使在墨尔本，虽然我们感到有点偏僻，每个人仍然都很高兴，袋鼠们高高兴兴地跳了起来。接下来的招待会是热闹的，每个人都喝了不少庆功酒。我赶回我的酒店起草了另一篇汇总结果的博客，那时电话开始响了。来自加拿大的几家媒体机构想知道细节，就像我的许多同事一样，在接下来的几天里，因为时区不同，在清晨和深夜的时候，我都接受了很多采访。我的一个好朋友总结道："你终于从搜索者升迁到发现者了！"

本章要点

寻找希格斯玻色子就像在一个未知的频率上搜索一个广播电台的信号。存在的静态背景噪声越多，找到信号就越困难。希格斯玻色子的识别标志并不是独一无二的，那些标志可以被与希格斯玻色子无关的其他粒子的衰变所模仿。粒子衰变类似于大硬币兑换成小的。但是，四枚 50 欧分的硬币可以由一枚两欧元硬币（类比于信号）或两枚一欧元硬币（背景噪声）兑换而来。只有先进的统计学方法可以让我们区分信号和背景噪声。

物理学家们使用事例模拟来产生假设的事例，用以帮助我们确定信号与背景噪声的区别，并建立选择标准。这些事例模拟不仅使我们能够彻底了解探测器并对其进行校准，而且还可以估算出在对数据使用我们的选择标准时会有多少背景噪声事例。如果发现的事例数多于所有来自对其他已知过程的预言的事例数，我们发现了一个新粒子的可能性就很大。

此外，如果这种超出发生在几个不同的衰变道，并被两个完全分开的实验分别独立地观察到，相互完全保密，证据就变得引人注目。

就好像几个独立的团队已经对神秘的广播电台确定了相同的频率，他们使用不同的仪器而没有互相商量。这就是 2012 年 7 月 4 日揭示的，ATLAS 和 CMS 实验公布了相同的结果。我们由此知道我们发现了一个看起来像希格斯玻色子的新粒子。

第 5 章

宇宙中黑暗的一面

随着希格斯玻色子的发现，人们可能会想，我们终于对围绕着我们的物质世界有了一个完整的图像，粒子物理学的所有谜团都已经解决了。且慢，事情远非如此，而且恰恰相反。实际上，目前的理论模型，即第 1 章所描述的标准模型，只解释了宇宙全部内容的 5%。你们当中有些人可能已经听说过暗物质（图 5.1），这种神秘的物质是看不到的，但是占了宇宙全部内容的 27%。而可见的物质（你、我、我们在地球上、星星和星系里看到的所有东西）只占其总量的 5%。我们怎么知道这个暗物质真的存在呢？我在下面描述它的证据。

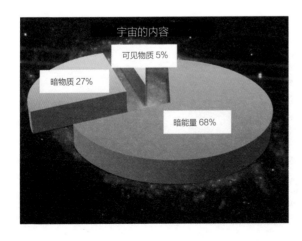

>> 图 5.1：宇宙中几乎所有的内容都是由未知物质组成的：一种与我们所知道的完全不同的物质，称为"暗物质"，以及一种形式的能量被神秘地称为"暗能量"。
资料来源：宝琳·加尼翁。

在讲暗物质之前，我必须说一下暗能量，因为它占宇宙总量的 68%。但是这部分会很简短，因为它鲜为人知。1998 年，两个独立的研究团队，一个由索尔·珀尔马特（Saul Perlmutter）和亚当·里斯（Adam Riess）领导，另一个由布赖恩·施密特（Brian Schmidt）领导，测量了星系彼此远离的速度。两支队伍不仅观察到宇宙正在扩张，而且这一扩张正在加速。这一发现为他们带来了 2011 年的诺贝尔物理学奖。众所周知，加速，无论是骑在自行车上还是坐在汽车里，都需要能量。那么能够加速宇宙膨胀的惊人能量从何而来呢？没人知道。此外，这种能量是一个完全未知的自然现象。它被称为**暗能量**，为的是与暗物质并列。我们将在接下来的章节中看到，利用由欧洲空间局发射的一颗卫星所携带的普朗克实验仪器，科学家是如何确定它占宇宙总量的 68% 的。

暗物质：隐形但无所不在

瑞士天文学家弗里茨·兹维基（Fritz Zwicky）是第一个发现存在暗物质的人（在 1933 年），他想用两种不同的方法来测量一个星系集团（由超过 100 个星系靠引力集合在一起的集团）的质量。首先，他根据集团内星系的旋转速度来估计质量。正如孩子们在旋转木马上玩耍的时候，为了避免被甩出去，他们必须攥紧栏杆一样，旋转的星系集团中的星系需要一个力量使它们保持在一起（图5.2）。在这种特殊的情况下，这个力来自引力，由星系中包含的物质提供。为了

>> 图 5.2：为了防止旋转的螺旋星系里的星星散开，一个力量必须把星星们保持在原位，就像旋转的孩子必须攥紧栏杆以避免被甩出去一样。

资料来源：尼尔斯·布雷默（Nils Brehmer），宝琳·加尼翁。

把一切都捆绑在一起，必须有足够的物质来产生必要的引力，否则星系就会散开。

然后，兹维基通过第二种方法验证了他的计算。这一次，他根据星系发出的光线估计了星系集团的总质量，发出光的亮度取决于星系的内容的大小。因此，这种方法可以粗略地估算出星系集团中包含的物质的数量。他注意到结果根本不平衡，可见的物质的数量，远远不足以产生维持银河星团的凝聚所需的引力。因此，他从这个观察中推断出，一种新的未知的物质必定在产生着一个引力场，但不发出任何光线，因此被命名为**暗物质**（来自德语）。

旋转的星系

不幸的是，兹维基的计算不太精确。直到 20 世纪 70 年代，美国天文学家维拉·鲁宾（Vera Rubin）才对一个螺旋星系内的恒星的旋转速度进行了测量，其精度足以说服科学界。一个螺旋星系是一个高速旋转的星系。鲁宾观察到，这样的星系中的恒星差不多都是以相同的速度运动，不管它们离星系的中心有多远。

但是，这与描述一颗恒星围绕一个星系中心旋转的开普勒定律是矛盾的。开普勒定律说，一颗恒星距星系中心越远，它移动的速度应该越慢。这由图 5.3 中的曲线 A 描述。该曲线显示了恒星的转速取决于它与银河系中心的距离。但维拉·鲁宾却注意到，旋涡星系中的恒星遵循曲线 B。就好像最遥远的恒星在围绕着里面的星系转，而这些星系比观测到的星系重 10 倍。这种情况只有在大量看不见的物质充满星系团时才会发生，那些看不见的物质甚至超出星系团中最遥远

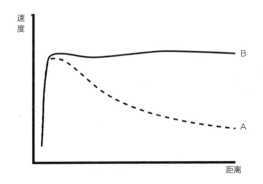

>> 图 5.3：恒星离星系中心越远，根据开普勒定律，它应该绕着中心移动得越缓慢，如曲线 A 所示。然而，螺旋星系中的恒星遵循曲线 B，它们的速度与它们到星系中心的距离无关，揭示了存在着大量看不见的物质。

资料来源：维基百科。

的可见物体的范围。因此，她是第一个以更量化的方式证明暗物质存在的人。从那以后，证据开始逐渐多起来，如我们将在本章中看到的。

引力透镜

宇宙因此包含了数量令人难以置信的未知物质，称为暗物质。它能通过某些比螺旋星系中的恒星旋转速度更明显一点儿的方法来探测吗？能，利用**引力透镜**就能，它是探测暗物质最引人注目的技术之一。依据引力透镜的工作原理，大量的物质（可见物质或暗物质）会产生强烈的引力场。相应地，这些场就会使他们周围的空间变形，并修改光线的轨迹（请参阅第 2 章中的"Brout-Englert-Higgs 场"一节，那里解释了场的概念）。

想象一下，两个人抻着展开的床单，另一个人把一个乒乓球扔到它上面，球

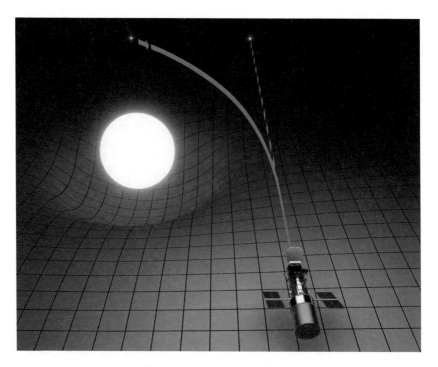

>> 图 5.4：一个物体沿着变了形的空间曲率运行，该变形来源于存在着一个巨大的质量。
资料来源：大卫·贾维斯（David Jarvis）。

将简单地遵循床单的表面沿着一条直线移动。但是假设有人在床单中间放了一个重物，比如台球，乒乓球则将沿着床单的变形表面画出一条曲线。

　　光的运行就像乒乓球一样，它必须沿着它传播的空间的曲率走，没有任何物质的空白空间类似于一张绷紧的床单。这里，光走直线。但是巨大的物体，如恒星、星系和大量的暗物质，都会产生强大的引力场。它们周围的空间是变形的，光线会沿着这个变形空间的曲率走。当光线在太阳附近经过时会发生这种情况：它会稍微偏离直线。人们观察来自位于太阳后面的恒星发出的光线时，会得到这样的印象，即这条光线是从另一个略微偏移的位置发出的，如图 5.4 所示。

　　暗物质的堆积就像一个透镜。在图 5.5 的例子中，两个配备望远镜的人正在观察位于一团暗物质后面的星系，这个团就是我们的"透镜"。如图所示，来自星系的一部分光线会在经过暗物质团的附近时弯曲。对于用望远镜观测的人来说，由眼睛在入射光线的方向上向外推，星系似乎发生了移动，好像它位于其他

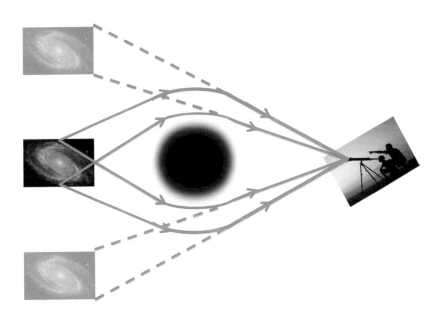

>> 图 5.5：二维图示的引力透镜原理。来自星系的光线在经过一团暗物质之后似乎发生了偏移，对位于这个暗物质另一边的观察者而言，光似乎来自真实位置的上方和下方。
资料来源：宝琳·加尼翁。

地方（在顶部和底部图像的位置）。观察者因此看到多个图像，而不是一个单独的图像。图 5.5 显示了在二维平面上发生的事情，图 5.6 说明了垂直于上述平面的平面上发生的情况。在三维空间中，光线并不是像图 5.5 那样仅仅是上下移动，而是在所有的方向上移动。

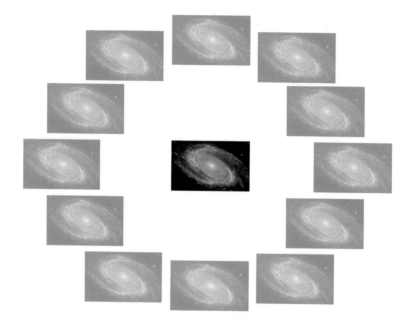

>> 图 5.6：在三维空间中，被一团暗物质所偏转的光在所观测的星系的真实位置周围形成一个环。资料来源：宝琳·加尼翁。

于是光线形成了一个如图 5.6 所示的环，如在图 5.7 所示的哈勃望远镜拍摄的照片中所看得到的，当星系和望远镜没有完美对齐时，只会出现小的弧线。相反，完美对齐时会看到一个完整的圆圈。这样的图像揭示了观察者和观测到的星系之间存在着重大质量的物质。这种技术足以确定宇宙中暗物质的分布，并构成探测暗物质存在的另一种方法。

>> 图 5.7：位于星系和望远镜之间的暗物质，通过在哈勃望远镜观测到的星系图像周围形成一个环，来显示它的存在。

资料来源：美国国家航空航天局（NASA）。

两个星系团的碰撞

我们很快就会看到，暗物质主要集中在星系周围。一个星系是一群恒星（我们所在的星系被称为银河系），而 100 多个星系组成的群体称为星系团。有时，两个朝相反方向行进的星系团会发生对撞。

为了更好地了解它，我们试着将一个星系团描绘成一支美式橄榄球队。每个球员代表一个星系，球队形成一个拥有凝聚力的星系团，就像一群蜜蜂。想象一下，我们的球队不仅有正常的球员，还有"幽灵"（图 5.8）。正常的球员象征着星系团中的可见物质，而"幽灵"则代表了暗物质。现在，我们可以模拟两个星系团的对撞。这就像两支橄榄球队相互冲撞，每支球队都有正常球员和"幽灵"球员。

>> 图 5.8：暗物质就像"幽灵"一样可以穿过平常的事物（在这里由普通的橄榄球运动员代表）而不会放慢速度。两个星系团对撞时也会发生类似的情况。正常的，可见的物质减慢，而暗物质可以穿过另一个星系团继续前行而不与之相互作用。首先，暗物质和可见物质在星系团中重叠。发生对撞后，两者分开，暗物质被发现继续向前移动。

资料来源：皮埃尔·博兰芬特（Pierre Bonanfant），宝琳·加尼翁。

当两队相撞时，正常队员相互冲撞并大幅减速。最终，两个球队都设法在冲撞造成的摩擦中奋力穿过这个人堆。但是，众所周知，"幽灵"可以穿越人堆而丝毫不减速。最后，每个球队的"幽灵"球员都会发现自己领先于正常的队友，后者因为减速而被"幽灵"球员轻松地超越了。这种对撞会使两种类型的球员分开，"幽灵"占先。

哈勃望远镜拍摄了这种以"子弹群"命名的对撞图像。从图 5.9 可以看出，在两个星系团之间发生了对撞之后，左边的粉色区域代表向左移动的星系团的可见物质，即来自右边的星系团。右边的粉色区域显示着另一个星系团，从左边向右移动。在摩擦的作用下，对撞过程中所有这些普通物质都被加热，产生大量的粉色的 X 射线。紫色区域代表暗物质，其存在是通过引力透镜探测到的。该紫

>> 图 5.9：由哈勃望远镜拍摄的两个星系团之间对撞的照片。紫色区域表示使用引力透镜检测暗物质的位置（因此是被后加到图片中的），而粉色光来自常规物质摩擦生热时发出的 X 射线。资料来源：美国国家航空航天局等。

色部分是被后加到图片上的，而粉色区域对应于普通物质发射的 X 射线。暗物质（紫色）和可见物质（粉色）之间的偏移对于两个星系团都是清晰可见的。你可以在 Youtube 视频网站上看到描述这次对撞的动画视频。

宇宙的起源

宇宙大爆炸标志着宇宙的诞生。大爆炸瞬间之后，宇宙热得令人难以置信，温度达到 10^{27} 度左右（在这个温度下，没有必要说明我们是在说摄氏、华氏还是开尔文绝对温度），热到只有辐射存在其中。在开头若干分之一秒的超高速宇宙膨胀之后，宇宙继续伸展，但速度要小得多。它包含的所有能量散布在一个不断增加的体积中，宇宙慢慢冷却下来。当我们释放自行车内胎中的空气时，会发生同样类型的冷却。当空气膨胀的时候，它会变凉，在给自行车胎放气时，你可以感觉到这一点：按压放气阀，你会感觉到冷空气通过你的手指。以类似的方式，在宇宙大爆炸之后的膨胀中，宇宙的温度下降了。

经过充分的冷却后，宇宙里的东西逐渐以粒子的形式"**物化**"，如图 5.10 所示。一开始，夸克和胶子有太多的能量，不能结合在一起，而是形成了第 3 章中所述的**夸克 - 胶子**等离子体。大爆炸后大约 10^{-6} 秒，温度已经下降到允许形成质子和中子。宇宙仍然基本上由辐射组成，物质粒子不断出现和消失。在原子可以被形成之前还需要 38 万年，而在大的结构（例如星系和星系团）出现之前还需要 10 亿年。

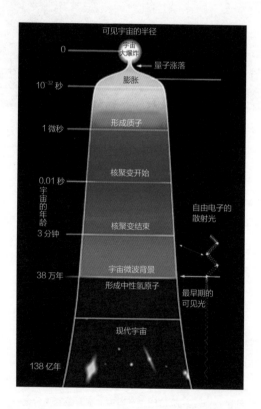

>> 图 5.10：宇宙大爆炸后物质形成的主要阶段。

资料来源：BICEP2 望远镜。

当宇宙变得透明时

在接下来的三节中，我们将看到普朗克实验合作组的天体物理学家，是如何通过研究宇宙微波背景来确定宇宙中暗物质的数量的。在开始之前，我们必须先谈谈宇宙的起源，即一次大爆炸，发生在 138 亿年前的一个星期四早晨的 7 点15 分左右 ①（见"宇宙的起源"的文本框）。

大爆炸期间释放的能量首先以辐射形式出现。一旦宇宙在扩张的影响下充分冷却，粒子就开始出现。直到 38 万年后，当温度下降到大约 4000℃时，原子开始形成，因为在这个温度以上，原子会破裂 ②。这是一个关键时刻：宇宙从含有带电粒子的一大锅具有极高能量的汤转变为由中性原子组成的空间，最终允许电磁波（如光）的自由循环。因此，宇宙变得透明，光线能够自由地传播。当时宇宙中几乎所有的光线现今仍然存在，因为在过去的 138 亿年间，它们几乎没有机会在途中遇到任何东西。

这怎么可能呢？我们必须明白，宇宙过去和现在仍然是一个巨大的、本质上是真空的空间。当然，在地球上或者任何恒星上，密度要高得多，但是恒星之间和星系之间的距离如此之大，以至于宇宙的平均密度相当于每立方米有 5 个质子。相比之下，1 立方米的水含有 6×10^{29} 个质子和中子（这两种粒子有大致相同的质量）。如果我们今天要将宇宙变成一个密度为水的圆盘（图 5.11），那么它就会被压扁成直径为 930 亿光年（宇宙当前的大小）的巨大薄饼，而只有 1毫米的厚度。那么刚才说到的事也就不足为奇了，即几乎所有在大爆炸发生 38万年后的光线今天仍在四处游荡，途中从未遇到过任何东西。

---

① 这样具体的时刻显然是作者的幽默。——译者注

② 分解成原子核和电子。——译者注

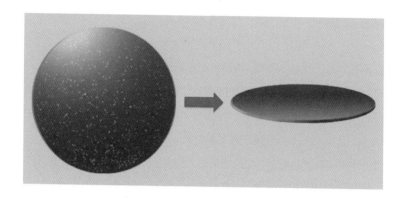

>> 图 5.11：如果宇宙中的所有可见物质都被压缩到一个方向，直到达到水的密度（每立方米 1000 千克），它将被压扁为一个 930 亿光年直径的薄饼（宇宙的大小），但厚度只有 1 毫米（根据约翰·C·布朗的观点）。
资料来源：宝琳·加尼翁。

宇宙微波背景

这种被称为**宇宙微波背景**的化石辐射[①]可以追溯到宇宙仅有 38 万岁年龄的时候。如果宇宙今天是一个 100 岁的人，那么 38 万岁就相当于这个人按比例只有一天大的年龄。一个新生婴儿的宇宙！这种化石光线已经传播了约 138 亿年，从四面八方到达我们这里。

对于电磁波（例如光），温度与物体被加热时发出的辐射之间存在着对应关系。当宇宙温度达到 4000℃时，辐射的光线对应于可见光，就像我们加热一块金属直到它开始发光一样。在扩张期间，宇宙的能量分布在一个越来越大的体积里。它就这样冷却了，就像我们把一杯热水倒入一个体积大得多的冷水里一样。那杯热水把它们的一部分能量传给整个液体。最后，整个液体的温度将比初始温度要低得多。

今天宇宙的温度不超过 −270.425℃，或者在绝对尺度上，兰金温度是 4.9°R，开氏温度是 2.725K，这个温度对应于微波辐射的范围。早期宇宙的可见光仍然存在，但是以微波的形式出现。

---

① 意思是非常悠久的辐射。——译者注

>> 图 5.12：这是我们拥有的宇宙最古老的照片，告诉我们，宇宙大爆炸后 38 万年时它是什么样子的。它包含的东西不再是均匀分布的，而是已经开始凝聚，形成团块作为星系的"种子"。这张照片是从宇宙微波背景重建而来的，该背景是从四面八方射来，今天到达我们这里的是微波范围的辐射，这种辐射已经徘徊了大约 138 亿年。由于宇宙绝大部分是空的，这些辐射的传播没有受到任何阻碍。

资料来源：欧洲空间局的普朗克实验。

图 5.12 所示的宇宙图片是利用普朗克卫星拍摄的数据建立起来的。这颗卫星扫描宇宙，寻找微波范围内的化石辐射。这是我们对宇宙最古老的画面，告诉我们在它还处于萌芽状态时的样子。此图片提供了关于粒子如何在宇宙最初的时刻之后聚集在一起的宝贵信息。第一个值得注意的事实是，虽然变化很小，但是宇宙已经不再均匀，而是遍布着很多团块。不同的颜色表明，图中有一些比较温暖的区域，表明在重力的作用下，物质已经开始在那里凝聚。

宇宙的演变

分析这种宇宙辐射，就好像使用棱镜将光分解成各种颜色一样。每种颜色对应于一个特定的波长，具有非常精确的频率。宇宙学家研究了与每个频率有关的辐射量，各种频率对应细微的温度变化，由图 5.12 中图上的小点或不同颜色的团块表示。每个团块的大小和它的温度与宇宙的演变有关。

图 5.13 中的曲线是从图 5.12 中得到的，通过绘制每个团块的温度变化作为那个团块的（从照片中测量的）大小（或角宽度）的函数。图中的点给出了实验

结果，附在每个点上的小垂直线表示实验误差，将这些数据与理论宇宙学模型（由线条显示）的预言进行比较，该模型描述宇宙从宇宙大爆炸到现在，物质是如何形成和演化的。这个模型有六个可调参数，其中两个是暗物质密度和暗能量密度。普朗克实验的科学家通过调整模型的参数来确定这两个密度，用以拟合他们的实验观察数据。这就是他们如何确定了宇宙中 27% 的含量是暗物质和 68% 是暗能量。

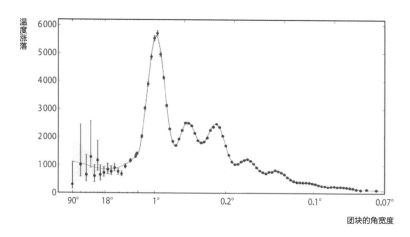

>> 图 5.13：图 5.12 中以不同颜色显示的每个团块的温度变化在此被绘制为团块大小（或角宽度）的函数。实线表示描述宇宙如何从其开始到现在演变的理论宇宙学模型。其六个自由参数可以进行调整以拟合实验数据点，其中两个参数是宇宙中暗物质的密度和暗能量的密度。这样做之后，普朗克实验的科学家确定了，宇宙中 27% 的含量是暗物质，68% 是暗能量。
资料来源：欧洲空间局的普朗克实验。

星系的种子和暗物质

宇宙学是研究宇宙演化的科学，它不仅通过提供普朗克实验数据与理论预测之间令人印象深刻的一致性，而且还通过澄清暗物质在星系形成中所起的重要作用，证实了暗物质的存在。现在，绝大多数宇宙学家认为，所有的暗物质和可见物质在宇宙大爆炸刚发生后几乎均匀分布，就像一团巨大的雾。如前文所述，在宇宙大爆炸之后立即发生了一次快速膨胀（称为暴胀），使得宇宙足够冷却，以至于 3 分钟后，粒子开始形成原子核。第一个电中性原子出现在 38 万年后，星系在 1 到 10 亿年之后形成。

宇宙是如何从物质均匀分布的巨大的云雾，演化成星系等大型结构的呢？原子是如何结合在一起的，以至于宇宙从一个雾状的宇宙变成一个团块的宇宙呢？这可能归结于暗物质。因为它很可能比普通的物质重，所以会早一些被减速。微小的微观波动逐渐变成了暗物质的小团块，这些团块通过引力吸引更多的暗物质，从而变得更大，并且最终由于雪球效应而成块。由于暗物质与引力似乎是正常的相互作用，但与其他三种作用力的相互作用很弱或者可能根本没有，因此这些小的暗物质积聚，更好地抵制了出现在宇宙开始时的电磁辐射风暴。相比之下，平常物质的积聚在这样的恶劣环境下肯定要困难得多。

宇宙膨胀后，可见物质一旦冷却了，它也开始积聚在已经形成的暗物质团块周围。因此，暗物质播下了星系的种子。在 CERN 工作的宇宙学家亚历山大·阿比（Alexandre Arbey）说："所有这一切都可以在没有暗物质的情况下进行，但是要花费长得多的时间。"

模拟宇宙的形成

为了检验这些假设，宇宙学家们进行了模拟。一个演化模型必须成功地从我们拥有的宇宙诞生 38 万年后的图像开始，让它演变 138 亿年，看看它是否最终会给出类似于我们今天观察到的东西。现在存在着一些模型，利用当今可获得的巨大计算能力，这些模型可以通过计算机模拟再现宇宙在加速模式下的演变。有几个视频可以说明这个过程：例如，参见与法国国家科学研究中心（CNRS）在巴黎的让－米歇尔·阿利米（Jean-Michel Alimi）教授团队的工作有关的短纪录片《宇宙的形成：大计算》，或者普朗克实验制作的科普影片：这两部电影都让人们可以迅速重温这个 138 亿年的宇宙演化历史，并在几秒钟内观看宇宙中大尺度结构的形成。

图 5.14 中的图像反映了用这种技术获得的结果，显示了通过数字模拟再现的宇宙中包含的结构。在背景图片上，物质看起来几乎是均匀分布的，但只要我们放大图像，就会出现大的丝状结构，如第二幅图中清晰可见的那样。最明亮的点

对应于暗物质最集中的地方，并作为形成星系的种子。放得最大的照片揭示了我们习惯看到的星系的图像，例如来自哈勃望远镜的图像。不包括暗物质存在的理论模型不能再现这些大的宇宙结构，从而又为暗物质的存在提供了一个支持论据。

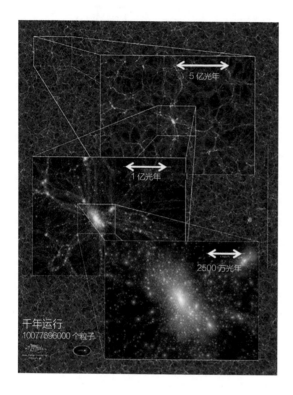

5 亿光年

1 亿光年

2500 万光年

千年运行
10077696000 个粒子

>> 图 5.14：从计算机模拟获得的宇宙中的物质分布。起点是从宇宙微波背景获得的宇宙最古老的图像，显示了大爆炸 38 万年后的物质分布。在模拟中，物质的颗粒在引力作用下允许移动 138 亿年（当然是加速）。四张照片以不同的尺度显示了模型预言的应该在今天的宇宙中找到的结构，最后三张照片被放大了。这些预言与目前的观察结果是一致的，这证明，当暗物质存在时，所使用的理论演化模型确实符合现实。
资料来源：沃尔克·斯普林格（Volker Springel）和处女座联盟。

支持暗物质的证据

总结一下，这里是支持暗物质存在的证据：

1. 螺旋星系中恒星的旋转速度表明，这些星系包含的物质比可见的物质要多得多。

2. 引力透镜通过偏转来自位于大块暗物质后面的天体的光，来揭示暗物质的存在。

3. 星系团的对撞，如哈勃望远镜所俘获到的子弹群星系团清楚地表明暗物质和普通物质的行为是不同的。暗物质是由引力透镜揭示的，而可见物质则是由发射的 X 射线揭示的。

4. 如图 5.12 和图 5.13 所示，暗物质是重现普朗克实验所测得的宇宙中团块分布所需的重要参数。

5. 暗物质是形成星系的催化剂，如果只有可见物质存在，星系的形成将需要更多的时间。

两个假设出局

所以暗物质是存在的，但它可能是什么东西呢？没人知道。我经常被问到暗物质是否可以由反物质或黑洞构成，尽管这两个假设似乎是可能的，但事实并非如此。下面是其原因。

正如我们在第 1 章所看到的，物质和反物质是成对的，即使没有人知道为什么反物质现在基本上从宇宙中消失了。反物质的行为就像正物质一样，例如正电子是电子的反物质对应物。就像电子一样，正电子具有电荷并对电磁相互作用力产生反应。同样的事情发生在反 μ 子、反陶子和 6 个反夸克。在加速时，任何电荷都会发光。因此，反物质会发光，并与普通物质相互作用。这些特征完全排除了它作为一个潜在的暗物质候选者的可能。

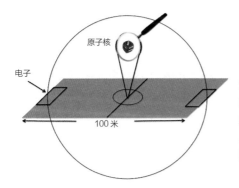

>> 图 5.15：原子本质上是空的空间。如果一个原子是足球场的大小，那么原子核就不会比一粒骰子更大，而电子将位于足球场的边缘。
资料来源：宝琳·加尼翁。

下一个假设：暗物质是否由黑洞组成？为了弄清什么是黑洞，首先必须认识到，一个原子本质上是空的。想象一下，一个原子被放大到 100 米长的足球场（图 5.15）那么大，放在足球场中心的原子核将是一粒骰子的大小。电子将位于足球场的边缘，所以原子里大部分是空的。

在某些条件下，大质量的恒星有时会在自身的引力作用下崩塌并开始收缩。它们的原子被压缩到极致，从而原子的电子被挤压到原子核上。这是导致黑洞产生的原因。一颗我们的太阳大小——即直径为 140 万千米的恒星将被缩减为直径为约 3 千米的超高密度的物体。

这样一个物体的引力场是如此之强，以至于它将严重地扭曲它周围的空间，正如我们前面所看到的那样，甚至光线也不能从黑洞中逃脱出来（如果光线落在黑洞里面的话），黑洞由此得名。然而，有一个关于黑洞的基本知识却鲜为人知。被黑洞的强引力场吸引的物质，在向黑洞加速的过程中会发光。只要这个加速的物质离黑洞有一段较远的距离，发射的光会从它的路径偏离，但仍然会逃逸出来。在这种情况下，黑洞不具有暗物质的特征，因为它们发出大量的辐射，那些光是会被探测到的。

把我们的手放在暗物质上

现在我希望你已经相信暗物质的存在了，下面让我们看看如何直接探测它。目前所有暗物质的证据都是间接的，虽然有很多这样的证据，而且很难反驳。暗物质只能通过其引力和宇宙学效应来感知，有没有其他更具体和直接的证据证明它的存在呢？这就是几个研究团队正在努力做的事，并且对如何解释研究结果，他们之间存在激烈辩论。

还没有人能够直接和无可辩驳地观察到暗物质。这并不奇怪，因为我们正在谈论的是完全不同类型的事物，它们不像可见物质（我们所有的行星、恒星和星系），暗物质不是由夸克或轻子构成的。

已经提出了几个假设和理论模型来试图描述暗物质的性质。一种可能性是，假设存在着无电荷且质量非常低但会与强磁场进行相互作用的粒子。这些假想的粒子被称为**轴子**（Axion）。目前，在 CERN，OSQAR 和 CAST 两项实验正试图通过使用强大的磁铁来验证这些假设粒子的存在。然而，尽管这两个研究团队表现出极大的毅力和独创性，仍然还没有轴子存在的迹象。

另一种更普遍的方法，是假设暗物质就像可见物质一样，也是由粒子组成，但这些粒子不同于轴子或标准模型中的粒子。对于我们来说，为了发现它们，不仅它们必须存在，还必须与普通物质的粒子以某种方式相互作用。

表 5.1：标准模型粒子和暗物质与基本相互作用力之间已知的和可能的相互作用

力	引力	弱相互作用力	电磁相互作用力	强相互作用力	Brout-Englert-Higgs 场
受影响的粒子	所有的粒子	夸克、轻子	带电粒子	夸克、胶子	有质量的粒子
作用于暗物质	是	未知	否	否	未知

正如我们在第 1 章中看到的那样，标准模型中的基本粒子（夸克和轻子）通过四种不同的基本相互作用以及 Brout-Englert-Higgs 场（表 5.1）发生作用。目前，我们所知道的暗物质是，它产生一个引力场，但与电磁相互作用力无关。否则，它会发光。如果它与强相互作用力发生作用，就会产生许多与普通物质的相互作用。这将很容易被发现，而且大量的实验将会证明已经找到它了。

因此，看起来强相互作用力和电磁相互作用力都被排除在外。但是暗物质可能通过与负责放射性的弱相互作用力与普通物质相互作用。如果这个假设是正确的，那么暗物质将由参与弱相互作用的粒子组成。以下是另一种可能性，我将在本章最后探讨。由于暗物质产生了引力场，它必须有质量。如果是这样的话，人们可能会认为它也会与 Brout-Englert-Higgs 场相互作用。这些是目前的一些假设，我将在下面的几节中介绍它们。

寻找 WIMP

上段中提到的第一个假设有一个非常受欢迎的版本，它暗示了暗物质粒子可能是参与弱相互作用的重粒子（Weakly Interacting Massive Particles，WIMP）。WIMP 可能会像中微子那样，与物质相互作用，尽管很罕见。一个约 9 千克的探测器，一年也记录不到一次与暗物质粒子的相互作用。预期碰撞的确切数量取决于 WIMP 的质量、丰富度以及它们与普通物质相互作用的亲和力，这些因素中没有一个是已知的。为了最大限度地提高我们观测的机会，人们已经建造了包括尽可能多的材料的探测器（有些用了多达一吨的有效物质），以便增加一粒 WIMP 和探测器中的一个原子之间的碰撞概率。

虽然与 LHC 上的探测器的大小相比（其中包含数百吨的有效物质），暗物质探测器可能看起来非常小，但是这些暗物质探测器是用来提供一个绝对僻静的环境的。想象一下，这就像试着在湖面上通过寻找微小的波纹来探测一只蝴蝶的通过踪迹。湖面越大，发现一只飞过去的蝴蝶的机会越大。但是，这只有在湖面完全静止且避免了各种干扰时，才能实现。相比之下，LHC 上的探测器相当于一片汹涌的大海，面对暴风骤雨、鱼群和强大的海流。

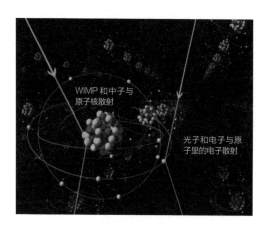

>> 图 5.16：我们假设 WIMP 就像来自宇宙射线的中子一样可以与探测器材料中的原子核里的质子和中子碰撞。而带电粒子，如电子，与原子中的电子并不是与原子核相互作用。这两类相互作用可以彼此区分。

资料来源：迈克·阿蒂莎（Mike Attisha），CDMS 合作组。

宇宙包含大量的暗物质。如果暗物质可以与常规物质相互作用，那么我们可以期待 WIMP 时不时地会与探测器碰撞，或者更确切地说，与探测器中的一个原子核中的质子或中子碰撞（图 5.16）。质子和中子统称为**核子**，因为这两种粒子都存在于原子核中。WIMP 和核子之间的碰撞会引起原子核反冲，导致产生虽然小却可探测得到的振动（图 5.17）。

探测器的体积越大，运行时间越长，记录到碰撞的机会就越大。WIMP 对原子核造成的冲击越激烈，探测越容易。不幸的是，WIMP 更有可能只将其能量的一小部分转移到原子核上，所以为探测器选择合适的材料并不简单。例如，用锗或硅制成的探测器，相比用氙等更重的核制成的探测器，可以获得更激烈的冲击，从而更容易探测到碰撞。另一方面，理论也预言，氙探测器的碰撞总数将会更大。理想的探测器不存在：一切都只能折中，而这种妥协也取决于从每种材料中提取这些微小信号的可能技术效率。因此，不同的团队选择使用不同的材料建造探测器。最后，由于 WIMP 的确切特征是未知的，这样的多种选择有益于去检查更广泛的可能情况。

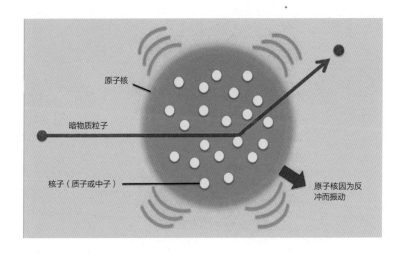

>> 图 5.17：通过撞击一个探测器里的原子核中的中子或质子，WIMP 会引起很小的可探测的振动。
资料来源：宝琳·加尼翁。

所有这些探测器都被安装在矿井或隧道的深处，这样一来，探测器顶部以上的岩石层就能起到阻挡宇宙射线的屏蔽作用，否则在探测器中会产生虚假的信号。消除所有可能的背景噪声源，如宇宙射线和天然放射性，是这些实验最大的挑战。

暗物质雨

我们知道，因为暗物质是星系的种子，所以星系中心有暗物质，但是暗物质存在的范围远远超出了星系。因此，地球应该浸在一团暗物质粒子构成的薄雾中。由于地球绕着太阳转，因此薄雾与雨相似。如果我们假设 WIMP 比质子重 10 倍，那么暗物质粒子的流量将达到每平方厘米 100 万个，这个流量是巨大的。那么，如果这些粒子可以和普通的物质相互作用的话，即使是微弱的，我们也应该能够抓住其中的一些。

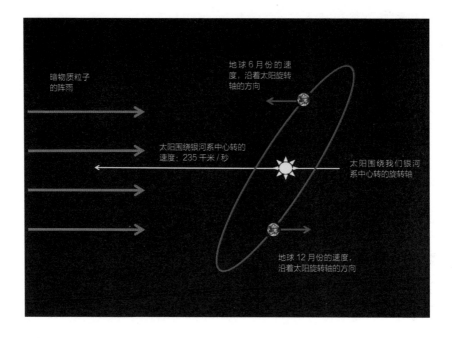

>> 图 5.18：由于地球围绕太阳转，当太阳绕银河系中心运行时，地球的速度加到太阳的速度上。这两个速度在 6 月份是同向的，在 12 月份是反向的，如图所示。想象一下，WIMP 会形成像水滴一样的薄雾。撞击地球的"WIMP 雨"的强度将取决于地球相对于雨的移动速度。地球上的探测器在 12 月份记录到的暗物质粒子的碰撞比 6 月份少，于是产生一个信号的年度周期变化。资料来源：宝琳·加尼翁。

原理相当简单。想象一下，一个人在浓雾中站在游轮的甲板上，没有风。如果船处于停顿状态，那么这个人几乎不会被打湿。但是，如果此船开始移动，穿过这团由细水滴组成的浓雾，那么水滴就会打在这个人的身上。如果这个人开始在甲板上跑，这个效果甚至会更加明显。奔跑的方向与船移动的方向相同时，更多的水滴将会打到这个人身上，而方向相反时，打在这个人身上的水滴则较少。

在地球上运行的粒子探测器也会发生同样的情况。在 6 月份，地球围绕太阳旋转的速度约为 30 千米 / 秒，与太阳在银河系中心附近的速度，也就是 235 千米 / 秒方向一致，增加了"WIMP 雨"的喷洒（图 5.18）。相比之下，在 12 月份，地球的速度与太阳的速度相反，探测器会遇到较少的暗物质粒子。因此，地球上一个对 WIMP 敏感的探测器因其相对于暗物质粒子的速度从 265 千米 / 秒下降到 200 千米 / 秒，而会在 6 月份比 12 月份记录到更多的碰撞。WIMP 雨强度的这些变化，将转化为一年中暗物质粒子撞击探测器的数量的变化。

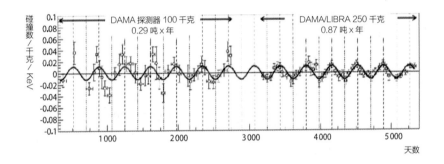

>> 图 5.19：DAMA/LIBRA 探测器记录的所探测到的碰撞次数的年度周期变化。研究人员把这些结果归因于与暗物质粒子的碰撞，但是还没有使科学界信服，因为其他实验没有发现类似的信号。

资料来源：DAMA/LIBRA 实验。

这正是在 DAMA/LIBRA 实验上工作的科学家们观察了 10 多年后现在所声称的观点。他们的信号是显著和明确的：8.9 个西格玛，即比可能的统计涨落强 8.9 倍。但不幸的是，他们的断言与其他几个实验相矛盾。图 5.19 中的图表显示了 DAMA/LIBRA 随时间记录的事例数量（共约 14.5 年），年度周期变化清晰可见。近年来，该实验的合作组把探测器的尺寸增大了近 3 倍，让它更加敏感。DAMA/LIBRA 并不是唯一有这种探测结果的团队，另外三个实验也报告了多年来观察到的信号：CoGeNT 也探测到一个小的年度周期变化，而 CRESST 和 CDMS 观测到的事例比可能来自背景噪声（宇宙射线、放射性等）的事例要多。

如果这四个实验的结果都一致的话就好了。不幸的是，情况并非如此，如图 5.20 中非常凌乱的图形所示。该图的复杂性非常恰当地描述了目前的情况：我们在完全混乱中游泳。左竖轴给出以平方厘米［右竖轴以皮靶（pb）］衡量的有效横截面。它测量撞击目标的大小，也就是说，一个 WIMP 面对的核子（质子或中子）有多大。这是人们测量暗物质粒子和普通物质粒子之间相互作用的概率的方式。目标看起来越大，就越容易打到它。横轴简单地给出以 GeV 为单位可能的暗物质候选者的质量值。

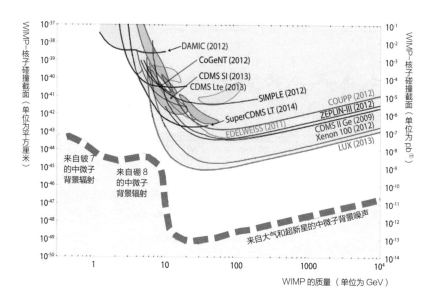

>> 图 5.20：这个非常复杂的图只是为了说明目前在寻找暗物质方面的情况是多么混乱。它总结了当前一些（甚至不是所有！）实验的结果，这些实验正在寻找暗物质与普通物质相互作用的直接证据。竖轴给出获得这种相互作用的概率，对应于横轴上显示的 WIMP 的假设质量。四个实验（CoGeNT，DAMA/LIBRA，CDMS II 和 CRESST）报告了阳性信号（由封闭的彩色区域显示），而其他几个实验组（没有全部显示在这里）排除了这四个正面结果以及所有对应于开放曲线上方的区域。请参阅正文以便了解更多详情。

资料来源：朱利安·比拉德（Julien Billard）等人。

---

① pb 是 picobarn 的缩写，等于 10^{-36} 平方厘米。——译者注

　　这个图实际上比乍一看更简单。以各种颜色着色的封闭区域显示着已报告了暗物质信号的四个实验获得的数据值（以及相关联的误差范围）。另外，开放曲线给出了没记录到任何信号的众多实验中的一些实验所测量的排除界限。总体上说，这些综合结果排除了整个绿色部分，即大致上占了图的上半部分。这些曲线以上的所有数值都被排除在外，这意味着四个声称看到暗物质信号的实验组报告的结果，与那些没探测到信号的实验组的结果完全相反。此外，只有两个看到暗物质信号的实验（CoGeNT 和 CDMS），它们结果相互一致。还要注意的是，两个实验 CDMS 和 CRESST 报告了一个信号区域和一个排除相同信号的曲线，这发生在他们改进了探测器性能和信号分析方法之后。CDMS 及其改进版本 SuperCDMS 以及 CRESST 最近都排除了自己以前的信号（这些信号也画在了图上）。

　　但是，情况正在慢慢变得清晰。LUX 和 XENON100 实验最近获得的最新界限是如此之强，以至于使其他四个实验先前报道的所有信号都遭到了严重的质疑。科学界很大一部分人怀疑 CoGeNT 和 DAMA/LIBRA 剩下的两项声称中的背景评估存在着实验上的差错，尽管还没人挑出任何错误。至于 CDMS 和 CRESST，他们自己最近的结果取代了以前的观察结果。所有这些都说明了这些测量的难度，以及正在进行的情况澄清的难度。

　　和这种可能看起来令人沮丧的情况类似，这些实验的复杂性一点也不令人惊讶。要么我们正在处理实验上的差错，要么应该有理论上的解释。许多理论物理学家做出了勇敢的努力，希望构建出新的模型去调和矛盾现状，即解释为什么一些实验探测到了暗物质的信号而另一些实验没有探测到。到目前为止，还没有一个模型能成功获得大家的共识。许多实验正在继续积累数据，其他几个实验也正在建设中。每个人都在理论和实验两个方面努力工作着，我们可以期待在未来几年有所突破。

来自外太空的不明信号

　　正如我们刚刚所看到的，有几个正在进行的实验在积极试图找到暗物质粒子存在的无可辩驳的直接证据。但是陆地不是物理学家唯一关注的地方，在卫星

（HEAT，Pamela 和 FERMI）和国际空间站（AMS-02）上进行的一些实验已经报告了几年来在宇宙射线中看到的正电子（即电子的反粒子）数量超出预期。关键是要了解这些正电子从何而来，正如我们在第 1 章看到的，我们的宇宙里几乎没有反物质，那么这些正电子的起源可能是什么呢？

图 5.21 中显示了在宇宙射线中发现的作为电子和正电子能量函数的正电子的比例分数。这个分数是根据所有找到的电子和正电子总数来计算的。图中显示了各种实验的结果，最近和最精确的来自 AMS-02（实心圆点）和 PAMELA（空心方块）实验。最有趣的事实是曲线先上升，然后在能量为 200 GeV 左右时开始稳定下来。现在的全部问题是要确定这条曲线在更高的能量时的走向，以便能够厘清这些正电子的起源问题。

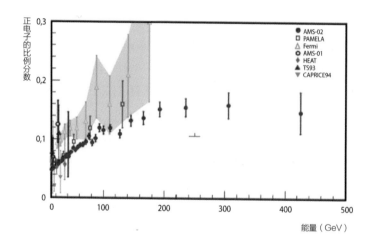

>> 图 5.21：由几次实验测量的，宇宙射线中找到的正电子的分数比例与所有电子和正电子的能量的函数关系。最新的结果来自 2014 年 9 月的 AMS-02 实验，用圆点表示。一个可能的解释是，这些正电子可能来自暗物质粒子的湮灭，这已经引起了科学界的相当大的关注。很多人希望 AMS-02 一旦积累和分析了更多的数据，将可以把这个问题搞清楚。
资料来源：AMS 实验。

几种可能的解释已经被提出来了，这里有两个最流行的假设。一些理论物理学家认为，这些正电子可能来自已知天体，如脉冲星，即中子星围绕星轴自转，并由于其强大的磁场而产生脉冲信号。其他人则认为这可能是暗物质与可见物质相互作用的第一个具体标志。两个暗物质粒子可能相互湮灭，发出电子和正电子，造成正电子的起源。如何把这两种可能性区分开呢？根据这两个理论假设，脉冲星或暗物质湮灭，正电子在更高的能量下会表现出些微不同。因此，如果没有在更高的能量下获得更多的实验数据，这个争论将不大可能结束。许多科学家期待着看到国际空间站上最新的 AMS-02 实验（图 5.22）的结果。研究人员已经展示了他们高质量的最初数据。不过是在较低的能量上。这个实验不久将会有更多的在更高能量上的数据出现，在本书出版发行时，这些数据还没有获得，但却被高度期待，希望它们能足够精确地使人们搞清这个问题。而且，谁知道呢？这些数据可能会提供暗物质和普通物质之间相互作用的第一个证据（尽管仍然是间接的）。很多聪明人都在思考这个问题。

>> 图 5.22：安装在国际空间站上的 AMS 探测器。
资料来源：美国气象学会，美国国家航空航天局。

LHC 上的暗物质

地下和太空轨道上的实验仍然没有提供暗物质的直接证据。一种与之互补的但是间接的方法去寻找暗物质是在 LHC 上使用 ATLAS 和 CMS 探测器。我们也许确实能在那里发现暗物质粒子，但是当且仅当暗物质与标准模型所描述的某些粒子（第 1 章中遇到的费米子和玻色子）相互作用时才可能。由于我们不知道这种情况可能发生的确切过程，做 CMS 和 ATLAS 实验的物理学家们与理论物理学家们密切合作，必须设置各种各样的"陷阱"，去套住各种各样的理论所预言的"怪兽"。随着 LHC 在更高的能量上重新启动，希望所尝试的许多方法中有能揭示一些新东西的。

最普遍的观点是标准模型可以有一个扩展，一种植根于标准模型的原理上的理论，但是会走得更远。一个这样的理论假设被称为超对称，下一章就专门讲它。我将通过一些 LHC 可能揭示暗物质的方法来结束本章，我们将在下一章考察超对称提出的一些其他选项。

在 LHC 上如何产生暗物质？

下面是我们认为在 LHC 上可能产生暗物质粒子的方法，每个方法都有很多不同的变异。因此，数百名物理学家在这个问题上不知疲倦地工作，千方百计并竭尽全力。例如，对撞的质子中包含的夸克和胶子可以产生标准模型的已知玻色子和新的假想玻色子。这些新的粒子会带有各种属性，而这些属性都是未知的，所以我们必须测试这些属性的每个可能的值，我们必须做出进一步的假设。例如，我们可以假设这些玻色子会再衰变成一对暗物质粒子，其确切性质同样是未知的。我们所知道的只是这些粒子必须是电中性的，我们不知道它们的质量，也不知道它们可以从哪些粒子产生出来，或通过什么机制产生出来。所有这些未知的物理量说明了需要检查的各种各样的可能性。

图 5.23 是一张说明这些可能性之一的**费曼图**。人们可以看到属于对撞质子的入射夸克（标记为 q 的线），时间从左向右流动。按照惯例，正粒子

由指向右侧的箭头表示，而反粒子由指向左侧的箭头表示，所以在时间上逆向。在夸克对撞中释放的能量以各种玻色子的形式出现，一般由符号"V"和"A"表示。这些可以代表已知的或假想的玻色子，与每一类粒子相关的线条不同，以强调它们的差异。我们用直线代替费米子（夸克、轻子或暗物质粒子，我们标记后者为 χ），多重螺旋线代表胶子（用 g 表示），波浪线代表其他玻色子。

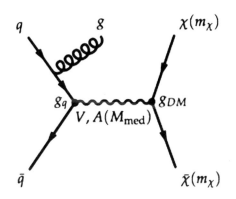

>> 图 5.23：这幅"费曼图"是粒子如何产生和衰变的示意图。时间从左向右流动。在这里，我们可以看到 2 个夸克（q）从左边进来，对撞并产生一个中间态，即一个玻色子表示为 V 或 A，该玻色子又假设能衰变成暗物质粒子（x）。这个特定的图说明了在 LHC 上可能产生暗物质粒子的一种方式。这些图都是需要经过实验测试的理论假设。
资料来源：暗物质论坛报告。

图 5.23 中的图显示了两个对撞的夸克结合产生某种玻色子，然后衰变成一对暗物质粒子，即一个粒子及其反粒子。在这里所描述的情况下，一个单独的胶子也是由一个入射的夸克发出来的。这就像一个骑自行车的人速度过快，在急转弯时甩掉了他的帽子，所以碰撞出一个胶子和 2 个暗物质粒子。胶子将从真空中拉出一些夸克和反夸克对，形成一束强子（由夸克组成的粒子）。这些强子束被称为**喷注**，因此这个事例将包含一个粒子喷注和 2 个暗物质粒子。

去找看不见的东西

正如我们在第 2 章中看到的，一个事例是以一张快照的形式呈现的，它揭示了一些重的、不稳定的粒子如何衰变，如何产生出几个比较轻但更稳定的粒子。按照能量和动量守恒的原理，能量和动量在每一个事例中都必须平衡[①]。如果我们观察到一支步枪因为后坐力产生的反冲，一颗子弹必然已经向相反的方向飞出去了。同样，让空气从一个没被绳子拴着、可以自由飞的气球的嘴里喷出会产生推力：气球推动空气，空气往相反的方向推动气球。同样的事情发生在对撞中产生的所有粒子上：它们都必须相互反冲。这与节日放烟火时所见的情况相同：烟花的碎片向四面八方飞去，而不是一个方向。

图 5.24 显示了用 ATLAS 探测器捕获到的两个事例。左边的图显示了一种非常常见的事例，其中包含两股由一些较重粒子衰变而产生的强子喷注。两束喷注反向射出，彼此反冲。所有飞向左边的粒子所携带的能量，与飞向右边的粒子所携带的能量完全平衡，能量是守恒的。当所有的碎片被记录下来时，是没有能量缺失的。

现在看看右图中的事例：一束单独的喷注向上喷。但这股喷注一定是在对着向下飞的什么东西进行着反冲，即使这些"东西"没有被记录在探测器里从而没被直接看到。因此，我们可以得出的结论是，那里还有别的东西。由此，即使粒子在探测器中没有留下信号，由于事例中能量不平衡，它也可以"被看到"。这就是探测器所看不见的粒子（不与探测器相互作用的粒子，如中微子和暗物质粒子）仍然可以被探测到的道理。这也就是我们可以去找看不见的粒子的原因。

---

① 严格地说，能量是一个标量，意味着它自身没有方向性。另一方面，一个矢量表示一个有大小和一个方向的东西。例如，粒子的速度给出了它的速率和方向。然而，在粒子物理学中，我们经常把运动粒子的方向赋给它所携带的能量。

>> 图 5.24：左图：在 ATLAS 探测器中发现的一个常见类型的事例，包含两个喷注。
右图：这是一个非常罕见的事例，只有一个喷注，可能对应于一个看不见的暗物质粒子的识别标志。
资料来源：ATLAS 合作组。

包含单光子和丢失能量的事例

在前面的费曼图（图 5.23）中，一个胶子是由一个入射的夸克发出的，但是光子也可以这样发射。这是非常幸运的，否则的话，如果在对撞过程中产生的粒子只是暗物质粒子，我们将无法在我们的探测器中记录这样的事例。光子使这个事例可探测，这看起来就像图 5.25 中由 ATLAS 实验捕获的事例。我们可以通过光子的能量沉积来发现它，显示成左图中钟表上 4 点钟左右的方向上的黄色和右上图中的黄色细长塔柱，它们代表探测器的圆柱形部分（如果探测器被展开的话）。左图中 10 点钟左右的方向上的粉红色虚线表示一个看不见的粒子对光子反冲造成的缺失能量。里面圆环中的蓝线对应于同时发生的其他低能对撞中产生的粒子，可以忽略。

>> 图 5.25：ATLAS 探测器收集到的包含一个单光子（4 点钟位置附近的黄色塔，也显示在右上角的窗口中）的事例，以及对光子反冲的缺失能量（10 点左右的粉红色虚线）。这个事例具有一些与光子一起产生的不可见粒子的特性，但是由于这种事例太少，所以被归因于背景噪声。资料来源：ATLAS 合作组。

不幸的是，ATLAS 探测器收集的其他类型的事例看起来很像这些事例，它们构成了我已经在第 4 章中提到的令人讨厌的背景噪声[1]。例如，一个包含一个 Z 玻色子和一个光子的事例，看起来就像一个 Z 玻色子衰变为 2 个中微子（另一种像暗物质一样不与探测器相互作用的粒子）。在这两种情况下，我们只能在一个事例中看到一个光子和一些缺失的能量。人们依靠模拟，也依赖真实的数据来评估来自这样的背景噪声的事例数。例如，可以通过计算当 Z 玻色子衰变成 2 个电子或两个 μ 子时发现多少这样的事例来评估包含一个光子和一个 Z 玻色子的事例数。因为我们知道一个 Z 玻色子多么频繁衰变成两个中微子而不是 2 个电子或两个 μ 子，我们就可以估计这个背景噪声。在上述事例的情况下，我们得出的结论是，它来自背景噪声而不是来自一种新型的不可见粒子，因为已发现的事例没有超过预期的背景事例数。

---

[1] 背景噪声对应于所有类型的具有类似信号特征的事例，但来自其他来源。

缺失大量能量的事例

　　下面是在 LHC 上可以产生暗物质粒子的其他方法。在图 5.26 中的左图，2 个对撞夸克产生一个由标准模型描述的普通玻色子（表示为 V）：光子、希格斯玻色子、Z 或 W 玻色子。左图中右边的圆泡简单地表示我们对可能发生的事情缺乏了解：那是一些新的未知类型的相互作用产生另一个玻色子，以及一对暗物质粒子。再一次，探测器将记录这些玻色子或者它们分裂时残余部分留下的信号，以及大量的能量缺失（揭示着看不见的暗粒子）。

　　图 5.26 中右边的图描述了 2 个胶子产生一对**顶**夸克或**底**夸克的情况，这些夸克又组合成一个新的假想玻色子 φ/a。这个玻色子再衰变成一对暗物质粒子。这两种情况对应于理论物理学家们提出的各种假设，只有实验证据会告诉我们是否其中任何一个假设是正确的。

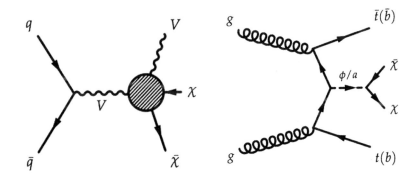

>> 图 5.26：这些"费曼图"，就像前面显示的那样，给出了粒子如何产生以及它们如何衰变的示意图。时间从左向右流动。在这里，我们看到 2 个粒子进来，对撞并产生其他粒子。这两个特定的图说明了在 LHC 上可能产生用符号 x 表示的暗物质粒子的一些方法。
资料来源：暗物质论坛报道。

　　包含暗物质粒子的所有这些事例，如果存在的话，将共享一个特征：它们都会以大量缺失能量的形式出现能量失衡。如果事例中不出现一个或者有时 2 个可见的粒子，那么这些事例就不会被记录下来。搜寻是否存在含有大量缺失能量的异常数量的事例，基本上是 CMS 和 ATLAS 采用的在 LHC 上寻找暗物质粒子的策略。

希格斯玻色子是否与暗物质有关？

如前所述，由于暗物质会产生引力场，所以暗物质似乎有质量。如果是这样，这些粒子可能与 Brout-Englert-Higgs 场相互作用。希格斯玻色子应该能够衰变成暗物质粒子，这是我花了很多年与其他许多人一起探索的一种可能性。

在 LHC 上，希格斯玻色子有时与 Z 玻色子一起联合生产。图 5.27 中的左图显示了这是如何发生的。属于 LHC 的 2 个对撞质子中的 2 个夸克 q 可以产生一个激发了的 Z 玻色子（我们在图中用 Z* 表示这个激发态）。通过甩掉额外的能量并发出一个希格斯玻色子（图中的 H），这个 Z* 恢复到正常状态。这与激发了的原子通过发射光子返回其正常状态（基态）时发生的情况，以及加热某些材料（如一块金属）时会发光的原因都非常相似。当这种情况发生在 LHC 上时，最后会出现一个普通的 Z 玻色子和一个希格斯玻色子，两者都可以衰变成稳定的粒子。

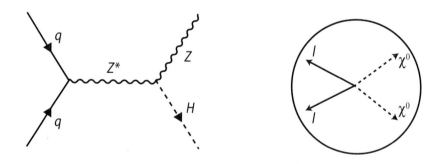

>> 图 5.27：此图描述了 LHC 上属于 2 个对撞质子的 2 个夸克如何产生一个伴随着 Z 玻色子的希格斯玻色子。如果希格斯玻色子衰变成暗物质粒子，它们对探测器来说将是不可见的，但会使事例的能量不平衡。与此同时，Z 玻色子的衰变产物（2 个 μ 或 2 个电子）又是可探测的。这是让我们能够寻找这类事例的一个特殊的识别标志。
资料来源：宝琳·加尼翁。

Z 玻色子有时会产生 2 个轻子（2 个电子或 2 个 μ 子）。这些粒子由图 5.27 右图中的字母 l 表示，该图显示了哪些粒子将通过探测器。如果回到我们的初始假设，我们的希格斯玻色子有时可能会衰变成 2 个暗物质粒子，在图中用符号 χ^0 表示。最后，只有 Z 玻色子的碎片才能在探测器中看到，而不是希格斯玻色子的衰变产物。因此，这种分析的目标是寻找包含 2 个轻子（电子或 μ 子）的事例和一些代表这 2 个不可见粒子的能量缺失的现象。

ATLAS 和 CMS 实验已经仔细检查了已收集到的所有事例，以便搜寻具有以上这些特征的事例，但没有发现任何超出背景预期的东西。这种情况下的主要背景噪声是包含 2 个 Z 玻色子的事例。第一个衰变成 2 个轻子，另一个衰变成像暗物质粒子一样的不可见的 2 个中微子。通过使用类似于第 4 章中描述的用来发现希格斯玻色子的统计方法，我们不得不做出结论：背景噪声之外还没发现任何东西。然而，这使我们能够对暗物质粒子与普通物质相互作用的概率设定一个界限。

LHC 上的这类分析对于非常轻的暗物质粒子也是敏感的。还记得图 5.20 吗？那张总结直接搜索暗物质的非常混乱的图。CMS 和 ATLAS 合作组可以帮助澄清情况，即使它们的结果依赖于与直接搜索的结果相反的各种理论假设。人们在继续努力，自从 2015 年春季 LHC 在更高的能量上重新启动以来，人们再次燃起希望。更多的希格斯玻色子现在正被产生出来，增加了揭示甚至是最罕见的希格斯玻色子衰变的机会，比如那些衰变到暗物质粒子的机会。

本章要点

宇宙包含的物质和能量比可见到的要多得多。所有恒星和星系的物质只占宇宙总量的 5%。宇宙中最大的份额，68%，以某种未知类型的能量形式显现，至今仍然是非常神秘的。其余的，即 27% 的宇宙，是由"暗物质"组成的，它是一种不释放或吸收光的物质，由此得名。暗物质与标准模型中的基本粒子似乎很少有共同之处。然而，它的存在是毫无疑问的，因为我们可以通过它的引力效应使用许多不同的方式探测到它的存在。暗物质也是星系形成的重要组成部分，如果没有暗物质，宇宙学模型将无法再现宇宙的演变，即从 138 亿年前的大爆炸到今天我们周围观测到的一切的演变。

在地下、在围绕地球的太空轨道和在 LHC 上正在进行着几项实验，以探测暗物质粒子。这只有在暗物质与普通物质以某种方式相互作用的情况下才有可能，而且还不知道是否有这样的相互作用。有几个实验宣告发现了暗物质粒子，但其他一些实验结果与这些结果相矛盾。很多工作正在进行中，我们期盼不久会有新的进展（图 5.28）。

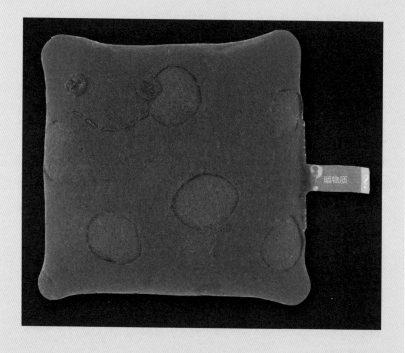

图 5.28：暗物质粒子是什么样的？没人知道。但是这里是粒子饲养员朱莉·佩斯利想象的。
资料来源：粒子动物园。

第 6 章

超越标准模型，邀请超对称理论来救援

　　正如我们在第 1 章中看到的那样，标准模型描述了物质的基本组成部分和确保这些组成部分凝聚在一起的相互作用力。这个模型基于两个原则：首先，所有的物质都是由粒子组成的。其次，这些粒子通过交换与基本相互作用力相关的其他粒子而互相作用。这个模型既简单又有非常强大的威力，当然了，这是因为这两个原则带有用数学术语描述粒子间相互作用的复杂公式。这些公式允许理论物理学家们以极其精确的方式预言哪些粒子与其他粒子相互作用，它们如何衰变以及这些衰变发生的概率。到目前为止，在考虑实验误差范围后，过去四十年来粒子物理实验室测得的几乎所有的物理量都与理论预言的数值完全一致。有时这些预言精确到小数点后第 9 位。但并不是对所有的物理量都是这样精确。

　　这就是为什么理论物理学家们（如图 6.1 中的约翰·埃利斯）知道标准模型是有限的，知道尽管此模型取得了惊人的成功，然而还是必须有一个更强大、更全面但尚未被发现的理论。例如第 1 章所讲到的，中微子质量太小的事实已经是一条线索，告诉我们标准模型并不能解释所有事情。

>> 图 6.1：CERN 和伦敦国王学院的理论物理学家约翰·埃利斯（John Ellis）是超对称理论的坚定支持者，图为埃利斯正在阅读每天发表在物理学期刊上的许多专业文章中的一篇，试图澄清许多尚未解答的问题。
资料来源：CERN。

标准模型对粒子物理学来说，可能就像四种基本算术运算（加、减、乘、除）对数学一样。这四项运算足以完成日常绝大多数的数学任务，而对于更复杂的计算，则需要几何、代数和微积分。标准模型或多或少地解释了迄今为止所观察到的一切，但它可能只是可见的冰山一角和更复杂的理论的基础（图 6.2）。此外，该模型现在已经完成，并且预言不会有新的粒子出现。因此，人们正在付出相当大的努力，试图发现新的粒子或标准模型中的缺陷，只要发现这两个情况中的任何一个，都可以揭示一条"秘密通道"，使我们走上正确的道路，继续前行。然而，尽管人们对新粒子进行了大量搜索，尽管我们不断提高实验和理论测量的精度，但我们仍然没有找到一个异常现象或一种新的粒子来打破标准模型，从而打开我们所说的"新物理"之门。

>> 图 6.2：标准模型可能只是冰山一角。什么样的更完整的理论将解释"新物理"呢？
资料来源：安可尔酒店，特威林盖特，加拿大的纽芬兰。

标准模型：一个美丽但有缺陷的理论

标准模型有什么问题呢？如果它的所有的预言都被证明是完全正确的，那么为什么还要千方百计地找到它的错呢？本质上，它留下了几个未解答的问题。例如，该模型没有解释物质与反物质之间的不对称性。正物质和反物质在宇宙大爆炸后必须等量产生出来，但是为什么今天的宇宙基本上是只由正物质组成的呢？标准模型不包括引力（四大基本相互作用力之一）。它不能解释为什么引力比其他三种相互作用力（电磁、强和弱相互作用力）弱得多。例如，正如我们已经看到的那样，一小块永久磁铁强到足以阻止整个地球的引力把一个小物体挂在冰箱上。一些理论物理学家们提出了额外维度 ① 模型来解释引力之弱。正如我们在第 5 章中看到的那样，一个强大的引力场会弯曲它周围的空间使之变形，但空

---

① 普通四维时空以外的。——译者注

间也会收缩。这可能是某些维度完全弯曲了，蜷缩在自己身上以至变成微观上的一点。于是我们就看不见它们了。引力的强度可能被吸收在这些收缩的维度之一上，受到极大的削弱。这就可以解释为什么引力看起来这么弱，因为我们只能观察到一种力量的残余物，而最初它和其他的相互作用力一样强大。

我们生活在一个有四个维度的世界里：三维空间和一维时间。可能有更多的维度，但它们在我们面前被藏起来了。这里举一个例子来说明这个概念：想象一个走钢丝的人沿着一根绳索走。从他的角度来看，只有一个可能的维度：他只能在绳索上向前或向后移动。他不能横向，也不能上下移动。但是，沿同一条绳索移动的蚂蚁可以轻松地绕过绳索（图 6.3）。对于这只蚂蚁来说，有两个维度，第二个维度是围绕它自身弯曲的，在人类尺度上几乎看不见。这些关于额外维度的理论假设预言了新粒子的存在。如果这些假设属实，这些新粒子可以在 LHC 上被发现。几项搜索正在进行之中。与此同时，没有人知道这些假设是否正当有效。

>> 图 6.3：一个走钢丝的人只能在一个维度上前后移动，而一只蚂蚁可以绕着绳索走动，进入另一个维度。

资料来源：《对称性》杂志。

以引力的极其微弱为特征，四种基本相互作用力在强度上的这种巨大差异[1]，仅仅是一个更普遍的问题［被称为"等级（hierarchy）问题"］的一个方面。这个"等级问题"的术语也用来描述各种基本粒子的质量值分布在很宽的范围里。为了说明这一点，请看图 6.4。有些质量以电子伏特（eV）为单位，其他以百万电子伏特（MeV）为单位表示，有的质量甚至以 10 亿电子伏特（GeV）表示。电子（0.511 MeV）比陶子（1.77 GeV）轻 3500 倍。我们可以对夸克观察到同样的情况：质量为 173.5 GeV 的**顶夸克**比**上夸克**（2.3 MeV）重 75000 倍。为什么物质的组合中存在着各种各样的质量？为什么这些粒子归结为三代？所有这些问题都还没有答案。

标准模型还有另外一个问题：物质的粒子、夸克和轻子，都具有 1/2 的自旋，因此如我们在第 1 章中所看到的那样，属于费米子的范畴。另一方面，相

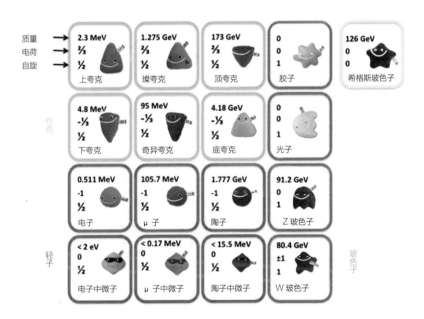

>> 图 6.4：所有已知的标准模型的基本粒子及其质量、电荷和自旋。对于费米子[2]来说，每列对应于一代。没有人知道为什么质量的数值会扩散在这样大的范围内。
资料来源：宝琳·加尼翁，粒子动物园。

———————————

① 如第 1 章所述，引力比电磁相互作用力弱 10 亿亿亿亿亿倍。——译者注

② 左边三列。——译者注

互作用力的载体，如图 6.4 所示，具有整数的自旋值，这意味着它们是玻色子。为什么会是这样呢？为什么这两组粒子之间会这样划分呢？我们不知道。正如我们在第 1 章中看到的那样，这种区别导致了这两种粒子完全不同的行为，就好像它们属于不同的世界一样。费米子必须遵守严格的不相容规则，而玻色子则喜欢结伴：玻色子越多越好。我们可以将无数个相同的玻色子堆积在空间中的相同点上，例如出现超导现象时的情况。

粒子质量的等级问题也影响希格斯玻色子的质量，标准模型的公式将基本粒子彼此联系起来。例如，可以使用标准模型的公式来计算希格斯玻色子的质量，这个基本质量被称为"理论质量"。理论物理学家们必须对每个与希格斯玻色子相互作用的粒子（费米子或玻色子）的基本质量进行修正。粒子越重，相关的修正越大。**顶**夸克是迄今为止最重的粒子，对希格斯玻色子的理论质量做出了巨大的修正。于是，很难理解希格斯玻色子的质量怎么会像它被测量出来的这样小。

从理论角度来看，一个粒子的质量与人们为一张飞机票支付的价格类似。理论或基本的质量对应于机票底价，在此之上人们必须添加各种修正。各种税费增加了基本票价，但抵扣优惠券可能会减少价格。如果添加了一种税相当于数千甚至数百万倍的基本价格，那么只有一张像这种税费这样巨大的优惠券才能使最终价格回到合理的水平。计算希格斯玻色子的质量所遇到的问题在于，由于来自**顶**夸克的修正，其计算的质量经历了大幅波动。如果有新的粒子能够中和顶夸克的这种贡献，这些波动才能被抵消。例如，顶夸克对希格斯玻色子质量的修正可以通过来自一些尚未知的粒子的同样大的修正来平衡。这将可能解释为什么希格斯玻色子的质量像已测量到的那么小。

作为最后的手段，理论物理学家们可以扩展理论模型并强制几个参数采取非常精确的值来解决希格斯玻色子理论质量的这个问题。但是，这将等同于试图缝制一件面料不够的连衣裙，而衣服的图案要求更多的面料。人们需要绝对完美地调整所有的面料和图案，节省每一小块布料，并再次将它们拼接在一起以获得足够的布料。这种手工对理论参数的细微调整称为"微调"。理论物理学家们不喜欢这种方法，认为这种方法极不可能和不自然，所以他们更愿意不惜一切代价回避它。

如果所有这些论点都还没有让你信服，那么下面是必然需要一个更完整的理论的主要原因：标准模型只描述普通物质，即在前一章看到的，在地球和所有恒星和星系中发现的那类物质。有大量证据显示，宇宙包含比普通物质多 5 倍的暗物质—— 一种与我们所知道的类型完全不同的物质。在标准模型描述的所有基本粒子中，没有一个拥有暗物质的性质。因此很明显，这个标准模型给出了宇宙内容的不完整的图像。

为什么我们需要新的物理？

归纳起来，以下是标准模型的主要缺陷。综合考虑，这些缺陷意味着，必须有另外一个更全面的理论来描述尚未被发现的东西，并称之为"新物理学"。

·没有关于中微子质量微小的解释，也不能回答中微子是否是它自己的反粒子的问题。

·该模型没有解释物质与反物质之间的不对称性（宇宙中反物质几乎不存在）。

·它不包含具有暗物质属性的粒子。

·它不包括引力。

·它不能解释引力的极其微弱。

·这既不能解释三代粒子的存在，也不能解释为什么三代粒子的质量如此不般配。

·它没有解释费米子和玻色子之间的区别。

·它不能解决希格斯玻色子理论质量的问题。

所有这些原因导致理论物理学家们多年来试图研发出更完整的理论。这个理论需要以标准模型为基础，但至少要解决以上这些问题的一部分（如果不是全部的话）。所提出的理论之一被称为**超对称**。

超对称：一种诱人的理论

超对称是一种理论假说，最早出现于 20 世纪 70 年代初，描述"弦理论"中的数学对称性，弦理论本身就是为了统一四种基本相互作用力而开发的。超对称性将解释玻色子和费米子之间的区别，随着时间的推移，许多人为超对称理论贡献了新的基础成分，所以今天超对称成为一种有前途的理论，但不是唯一的超越标准模型的理论。

两位俄罗斯理论物理学家，D.V. 沃尔科夫（D.V. Volkov）和阿库洛夫（V.P. Akulov），是先驱者之一。然后，在 1973 年，朱利叶斯·韦斯（Julius Wess）和布鲁诺·祖米诺（Bruno Zumino）在四维时空中提出了第一个超对称模型，为未来的发展铺平了道路。第二年，皮埃尔·法耶特（Pierre Fayet）把 Brout-Englert-Higgs 机制推广到超对称，并首次把"超伙伴粒子（或简称为超伴子）"介绍给标准模型粒子。这个关键的步骤导致了在玻色子和费米子之间建立起一种对称性，因此取名为超对称性（supersymmetry），或者被它亲密的朋友简称为 SUSY。

有几种基于超对称原理的超对称模型。它们以标准模型为基础，将一个或几个伙伴粒子与每个基本粒子相关联。费米子以玻色子为超伴子，反之亦然。将物质的基本组成与相互作用力的载体统一起来，一切都变得更和谐，更对称。

>> 图 6.5：超对称建立在标准模型之上，并在已知的粒子上添加了一大堆新的粒子。
资料来源：马克·列文森（Mark Levinson），电影《粒子狂热》。

超对称粒子在符号上用波浪号（～）标记，如图 6.5（它是从电影《粒子狂热》中截取下来的）所示。与费米子有关的超伴子的名字是通过在伙伴粒子的名字前加上一个 "s" 来获得的 [①]，以强调它们的超对称特征。"**超底夸克**（*sbottom*）"与**底夸克**相对应，而"**超陶子**（*stau*）"与**陶轻子**相对应。因此，此模型伴随着一大堆新玻色子，称为**超夸克**和**超轻子**。

与标准模型的玻色子相对应的超对称粒子是**胶微子、光微子、W 微子和 Z 微子**（也称为**玻色微子**）、**重力微子**和**希格斯微子**［*gluinos*、*photinos*、*Winos*、*Zinos*（*Binos*）、*gravitinos* 和 *Higgsinos*］。它们都是费米子。通过将电弱相互作用力的载体的费米超伴子（光微子、W 微子和 Z 微子）与**希格斯微子**"合起来"，我们得到称为**带电超微子**的带电粒子和称为**中性超微子**的中性粒子。超对称还有五种不同的希格斯玻色子，我们很快就会看到。对于标准模型粒子的动物园，超对称理论给它添加了一大群超对称粒子。这是这个理论的一大缺点。基本粒子的数目比原来的数目加倍还多，远离了任何简化的梦想。前进一步，但后退两步。

然而，它有两个主要的优势。首先，**顶夸克**的 2 个超伴子（**超顶夸克**）可以抵消影响希格斯玻色子的理论质量的**顶夸克**产生的巨大修正。其次，但并非不重要，如果我们假设一种称为 "R-宇称" 的属性是守恒的，那么最轻的超对称粒子恰好具有暗物质粒子所期望的特征。这个属性并不新鲜，因为标准模型粒子也遵守 R-宇称守恒。

R-宇称起的作用有点儿像扑克游戏里一名玩家把一张坏牌传给别的玩家，比如红心大战中，玩家们必须避免让黑桃 Q 留在手里 [②]。如果一个人不能把这张牌丢给另一个人，就会陷入困境并丢失几分。类似的，R-宇称的守恒意味着超对称粒子只能衰变到至少一个其他的超对称粒子。因此，最轻的超对称粒子（即衰变链中的最后一个）不能衰变成任何其他粒子，因此是稳定的。它永远存在，就像暗物质粒子一样。那么这个最轻的超对称粒子就可能成为备受追捧的暗物质粒子。它必须是电中性的，因为正如我们前面看到的，暗物质粒

---

① 中文是在费米子前加一个 "超" 字。——译者注

② 类似我国曾流行的扑克游戏 "拱猪"。——译者注

子不能带电；否则暗物质会发光。在几种超对称模型中，理想的暗物质候选粒子是最轻的**中性超微子**。

归纳起来，超对称最初被视为通过统一标准模型的费米子和玻色子来实现更多和谐的一种方式。它解决了等级问题中的某些方面，例如与希格斯玻色子的理论质量有关的问题。然而，真正令人瞩目的是，这种由完全不同的原因而开发的新理论，也可以解决暗物质的重大问题，因为它预言了具有暗物质粒子特征的新粒子的存在。这就解释了它的知名度，因为它一箭双雕。不幸的是，超对称即使被发现了，也不会是最终的答案，因为它仍然没有统一所有的相互作用力：它像标准模型一样，把引力抛在一边不管。

有人见过我的超对称粒子吗？

如果超对称像它看上去的那样神奇，为什么现在还没有发现任何一个假设的超对称粒子呢？有几种可能的原因，其中最简单的，当然是这个理论就是错的，根本就没有超对称粒子。如果确实如此，则需要另一个理论方案来解决标准模型的问题。一项新的实验上的发现将有助于推动理论物理学家们朝着正确的方向走。理论和实验研究总是共同进步，不断地互相激励对方。无论如何，理论物理学家们相信，他们需要找到一种超越现有模式的新理论，尽管他们对如何去找仍然茫然无措。

即使我们还没有找到超对称粒子，SUSY 仍然是一个完全合理的假设。由于各种原因，它的粒子可能会逃脱探测。也许我们实验工作者还没有找到正确的地方，或者没有使用正确的方式。或者超对称粒子太重，超出了我们的加速器的范围。2015 年，在更高的束流能量（13 TeV 替代 2012 年的 8 TeV 能量）上重新启动 LHC 并提供更多的数据（图 6.6）后，我们现在有更多的机会发现 SUSY 粒子。如果我们仍然找不到它们，那么它们会受到新的限制，这将帮助我们关注剩下的可能性。

>> 图 6.6：一位物理学家正在 CMS 控制室值班。尽管 ATLAS 和 CMS 实验迄今收集了令人印象深刻的海量数据，但目前还没有迹象表明超对称粒子的存在。
资料来源：CERN。

许多自由参数和几种模型

与 SUSY 合作并不容易（我没有特别想到任何人[①]）。它的主要缺陷是什么呢？它包含许多未定义的参数，并有多种模型。其中之一，称为 MSSM（最小超对称标准模型），有 105 个自由参数。这些参数表示，诸如超对称粒子的质量及其耦合参数，即与它们产生的频率以及它们将衰变成其他粒子的可能性有关的物理量。因此，我们有 105 个参数，每个参数都可以随意获得任何它想要的值。

参数有点儿像维度。想象一下，我们正试图在阿尔卑斯山的某个地方寻找一群迷路的徒步旅行者。我们必须检查覆盖整个地区的地图上的每个"点"（例如，每 10 米）。因此，即使在像阿尔卑斯山表面这样的二维空间（具有两个自由参数的空间）中，如果我们不知道确切的纬度和经度，就会有极多的潜在的地方需

① 这里，原书作者暗指，SUSY 可能是一个英文的人名。——译者注

要检查。在具有 105 个维度的空间中，必须指定 105 个参数的值来定位一个目标。尝试设想一下，如果我们不知道这些参数中的任何一个，如何找到这样的目标？在这个上百维空间中要检查的点数将是个天文数字。

一方面，超对称没有指定这些量可以采用哪些值。另一方面，只要知道这些参数，或者一旦我们确定了它们的值，就可以精确确定所有粒子之间的关系。由于我们目前还没有测量这些参数，唯一明智的做法是进行有根据的猜测，即分配我们认为最可能的值。理论物理学家们因此施加了合理的限制，例如只搜寻干燥的地方，从而可以去除所有湖泊的可能性。这正是我们采用的方法：通过消除不可能的地方来限制超对称粒子的搜索范围，物理学家不得不做出减少搜索区域的猜测，这就是各种超对称模型出现的原因。每个模型都是基于不同的假设来限制搜索区域的尝试。

MSSM 的一个子集称为 CMSSM，即"受约束的 MSSM"。它只有少数自由参数留下来，以便大大简化模型。这是通过使用各种假设来艰难地选择固定几个参数来实现的。这相当于放弃在大范围内寻找我们的徒步旅行者，例如假设徒步旅行者不喜欢奶酪，就放弃整个瑞士。CMSSM 正在失去支持，因为实验结果倾向于排除它。技术也发生了很大的变化，这导致了新模型的开发，即去考虑失踪远足者的真实特征，而不是建立在救援人员的假设上。

理论上的进展

最近对希格斯玻色子质量的确定，对现有模型施加了新的约束，并因此在开发一类称为"pMSSM"（这里"p"是"现象学"的第一个字母。——译者注）的新型**现象学**模型方面，发挥了决定性作用。顾名思义，这些模型是利用现有的实验限制来开发，即观察到的现象，因为任何理论模型都必须重现实验数据。根据这个模型，MSSM 的 105 个参数可以减少到 19 或 20 个。这些模型具有建立在更坚实的基础上的优势。

几个理论和实验物理学家团队已经结合了所有已知结果，来确定在 pMSSM 的已减少但仍然庞大的 19 或 20 个参数空间中，哪些区域仍然允许寻找超对称粒子。为了实现这一点，他们首先在这个多维空间中生成了所有可能点的列表。

这相当于所有假设的超对称粒子的质量和耦合常数 [1] 的数百万的允许值。在这个阶段，这 19 或 20 个参数仍然没有给它们赋值。在我们寻找迷路徒步旅行者的例子中，这相当于列出所有可能的地点，每 10 米一个，覆盖阿尔卑斯山的整个地区。

第二步是强加所有已知的实验限制，看看所有以上那些可能性中的哪些点仍然是被允许的。这步的实现要通过使用对 Z、W 和希格斯玻色子的特性的测量，来自重夸克衰变、宇宙学以及当然在 LHC 和其他地方对超对称粒子的所有直接搜索以及搜索暗物质的地下实验的高精度结果。在我们的山地救援队的例子中，我们在此阶段将在我们的列表中划掉每个已经查看过的地点。

这种技术的缺点，是需要大量的计算来测试这个 19 或 20 维空间中的每一个点，但最终将不难看到超对称粒子仍然可以躲藏在哪里，它还真管用。用这种方法，几个小组已经能够证明，非常受限制的那类 SUSY 模型（例如前面已经提到的 CMSSM）现在极不受欢迎，仅限于很少允许的参数值。最严格的约束来自 ATLAS 和 CMS 实验缺乏直接发现质量超过 1 TeV（2012 年发现的希格斯玻色子质量的 8 倍）的超夸克。另一方面，同样的技术应用于较新的 pMSSM 模型表明，仍然有大量的参数空间被允许存在一种或另一种超对称模型，尽管这个空间也更加受限制。

由于这种将实验结果和理论知识相结合的技术，我们现在可以将几乎无限多的可能性减少到相当小的数量，从而使实验物理学家们能够更好地专注他们的搜索。此外，这种技术实际上已经排除了一些不能恰当描述现实的模型。

LHC 上超对称粒子的识别标志

LHC 是如何提供帮助的呢？正如我们在第 3 章中看到的那样，围着加速器安装的大型探测器就像巨大的照相机，记录束流对撞所产生出来的不稳定的粒子是如何分裂的。由此得到的快照能让物理学家确定每个碎片的来源、方向和能量，以便他们可以重建和识别初始粒子。对超对称粒子的搜索与第

---

[1] 如前所述，耦合常数与 LHC 产生这些粒子的概率有关。

5 章末尾描述的寻找暗物质粒子的方式非常相似，原因是最轻的超对称粒子可能成为备受追捧的暗物质粒子，这个独特的粒子可能在探测器上看不见。

图 6.7 显示了一个超对称粒子典型的衰变链。如果我们假设 R- 宇称是守恒的，那么超对称粒子在 LHC 上将总是成对地产生。这对粒子中的每一个将根据类似于此处描述的衰变链分裂。黑线代表 SUSY 粒子，而标准模型粒子显示为红色。这个衰变级联终结在最轻的超对称粒子，这里假定它是中性超微子。这样的事例不仅会显示大量的能量缺失，而且还会包含若干沿途产生的可以被 LHC 探测器看到的普通粒子。因此，主要策略是寻找那些事例——它们具有与不可见粒子相对应的大量缺失能量（如前一章所述），并根据不同的模型包含几个或若干标准模型粒子。这个题目可以引出数量巨大的不同情况，每种情况都与理论物理学家提出的一个特定假设相对应。因此，来自 ATLAS 和 CMS 的数百名物理学家正在探索众多的可能性。

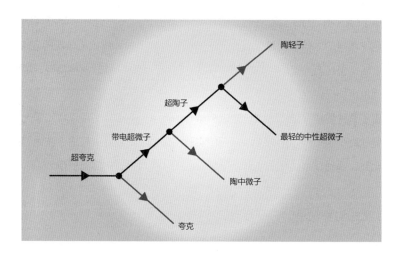

>> 图 6.7：超对称粒子的典型衰变链。每个超对称粒子必须衰变成另一个更轻的超对称粒子（这里用黑色表示）和普通粒子（用红色表示）。如果我们假设 R- 宇称是守恒的，那么衰变级联将以最轻的超对称粒子（本例中为中性超微子）终结。因此这些事例会包含几个普通的粒子加上大量的缺失能量对应于逃出去的最轻的超对称粒子。

资料来源：费米实验室。

但是假设 LHC 上对撞的质子束只有足够的能量产生最轻的超对称粒子，这些事例除了不可见的粒子外将不包含任何东西，从而无法探测到它们。如果这些不可见的粒子与其他东西一起产生，比如如果入射的夸克或胶子发射出一个光子或一个胶子（如第 5 章 "LHC 上的暗物质" 一节所示），我们将极可能捕捉到它们。CMS 和 ATLAS 合作组在寻找超对称粒子时采用的众多策略之一是寻找含有大量缺失能量的事例，其对应于这些看不见的粒子，以及其他粒子，例如只含一个单独的强子喷注或一个单独的光子的事例。

这听起来很熟悉吗？确实，这些识别标志与那些看不见的暗物质粒子留下来的标志非常相似，就像我们在前一章中看到的那样。如果发现这些事例超过了所有的背景噪声的过程，它们将揭示新粒子的存在。确定这个新发现的不可见粒子是否是超对称粒子的最简单方法，可能是找到至少一种其他的超对称粒子。

希格斯玻色子是超对称粒子吗？

现在我们已经测量了它的自旋，从而知道我们 2012 年 7 月发现的新粒子是一种希格斯玻色子。但尚未知道究竟是什么样的希格斯玻色子。这是标准模型预言的唯一的玻色子，还是我们在这里处理的是由超对称假定的 5 个希格斯玻色子中最轻的那个？只有当我们发现超对称粒子时，这个问题才会得到解答，因为最轻的超对称希格斯玻色子和标准模型的希格斯玻色子具有几乎相同的特征。与此同时（在没发现超对称之前），我们所能做的就是以最高的可能精度测量这种新玻色子的所有特性。我们已经毫无疑问地确定了它的自旋为 0，这是希格斯玻色子独有的特征。我们仍然必须非常精确地测量它的每个衰变道，并验证每种衰变的发生与标准模型预言的完全相同。任何显著的与标准模型的偏差都可能揭示模型中的一个缺陷。

自从它被发现以来，我们已证实希格斯玻色子衰变为玻色子（光子、Z 和 W）。2014 年，CMS 和 ATLAS 提供的证据表明，根据截至 2013 年 LHC 开始技术性停机维修时所收集的所有数据，希格斯玻色子也衰变为费米子，即由底夸克及其反夸克组成的对，以及成对的轻子**陶子**和**反陶子**（更多有关信息将在第 10 章介绍）。2015 年以来以更高能量积累的数据现在用于改进这些测量结果，并有助于澄清希格斯玻色子的真实性质。到目前为止，所有测量结果都与标准模型预期的希格斯玻色子特性一致。例如，我们测量了各种衰变道的速率并与标准模型预言的值进行了比较。

图 6.8 中的图表给出了 CMS 实验对几个希格斯玻色子衰变道的测量值。图上的每个点代表一个衰变道，到目前为止已测量了 5 个衰变道。1.0 的值表示我们已经准确测量了理论预言的结果。如果模型是准确的，那么我们应该在每个衰变道都得到 1.0 的值。当我们考虑误差范围时，单独或者合起来看，这些衰变道事实上都给出了与 1.0 兼容的值。1.00 ± 0.13[①] 的综合值对应于这 5 个衰变道的平均值，这正巧落在预言的理论值上。我们同样可以在 0.13 的误差范围内获得任何值，由绿色竖条表示。同样，ATLAS 合作组获得 1.30 ± 0.19 的所有衰变道的综合值，也在误差范围内与理论预言一致。然而，尽管尚没有任何异常现象，但实验误差范围仍然过大，无法做出明确的陈述。我们需要在更高能量的情

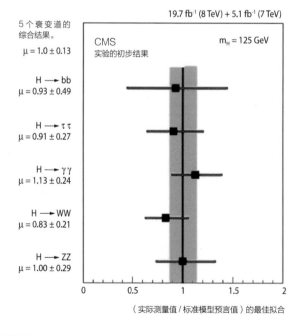

>> 图 6.8：CMS 合作组在 2014 年 7 月获得的 5 个希格斯玻色子衰变道的结果。如果我们正在涉及由标准模型预言的希格斯玻色子，则每个衰变道的值将为 1.0。所有的测量结果在绿色竖条显示的误差范围内确实与 1.0 值一致。资料来源：CMS。

① 这里引用的结果是由 CMS 和 ATLAS 在 2014 年 7 月在西班牙瓦伦西亚举行的国际高能物理大会上展示的。

况下积累和分析更多事例，然后才能结束这一核查。这项工作正在进行中，但要求利用所有的 LHC 数据（可能还要有一个更强大的加速器）来彻底完成。

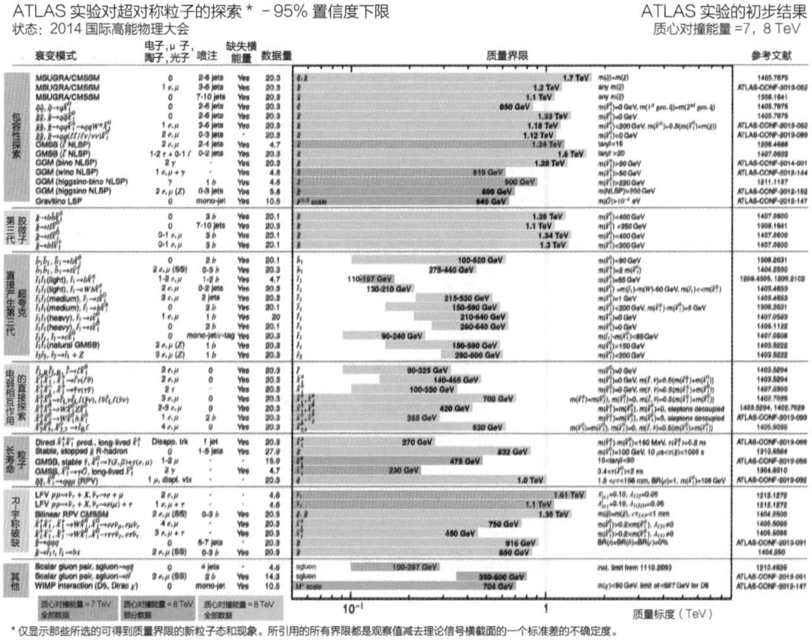

>> 图 6.9：一个很长但并非穷尽了的用于搜索超对称粒子的分析列表。ATLAS 研究的 50 种可能情节中没有一个显示出新粒子的存在。表中给出了这些粒子迄今被排除的质量值。资料来源：ATLAS 合作组。

CMS 和 ATLAS 实验的物理学家已经仔细检查了每个实验收集的约 200 亿个事例，以寻找可能出现的超对称粒子，但无济于事。这两个大合作组已经测试了数十种不同的方法，并且不断探索新的可能性。为了让你领略到目前为止所做的努力，请看图 6.9 中的表格。左边第一栏列出了 ATLAS 合作组进行的大约 50 个不同的分析，CMS 取得了同样多的成果。水平的绿色和蓝色条显示了各种超对称粒子的被排除的质量范围，每个粒子都通过特定的分析被精确地排查。即使不细看，人们也能明白，如果超对称还没有被发现，不应归咎于没有尝试。但是，超对称尚未说完最后一句话。在 2015 年 LHC 重新启动后，超对称粒子出现的机会仍然不小。如果情况真是这样的话，那将像踏上一颗新的有人居住的行星那样非凡。

平行的世界

一群非常认真的理论物理学家们已经开发出一个关于暗物质的令人惊讶的理论。这融合了"隐蔽的山谷"的概念，将两个平行演化的世界分开。一方面，我们知道的物质世界将包含所有标准模型粒子以及超对称所假设的粒子（尽管这些仍然是猜想的）。另一方面，如图 6.10 所示，也会出现一个平行的"黑暗世界"，里面隐藏着暗物质粒子。其纵轴给出粒子的质量，每条水平线代表一种给定质量的粒子。重的那些因此被放置在相对更轻的粒子的上方。

如果我们假设 LHC 可以产生重的超对称粒子，那么可以在 LHC 上测试这个想法。这些粒子会逐级衰变，直到它们到达最轻的超对称粒子。就像是一个"信使"（上方浅黄色的水平箭头），通过隧道，穿越隐蔽的山谷。然后它会逃进一个平行的（暗物质）宇宙，那个黑暗的部分，变得让我们看不见。

在黑暗的部分，这个粒子将不再是最轻的允许的粒子，并可能再次衰变到一系列暗物质粒子，直到产生所有超对称暗物质粒子中最轻的一个。这个粒子将是另一个信使（下方的浅黄色箭头），能够再次穿越隐蔽的山谷，回到我们的世界。它可能会衰变产生许多对轻粒子，如电子对和 μ 子对。这个理论毫无疑问地表明，粒子物理世界不需要羡慕任何科幻小说。

直到最近，我还是在 ATLAS 实验里寻找这个隐蔽山谷的迹象的实验物理学家之一。我们选择了包含重新组合起来的电子和 μ 子对的事例。不幸的是，我们没有找到任何超出预期的背景水平的新东西。图 6.11 中由 ATLAS 探测器收集的事例图像显示了我们正在寻找的那种类型的识别标志：电子（由绿线表示）以团体形式产生并携带大量能量。它们的径迹几乎是直的，因为在高能量下它们移动得太快，磁铁不能弯曲它们的轨迹。

在那里以及许多其他（也许更可能）的地方进行的搜索还在继续。我们不断完善我们的分析方法并制定新的策略。如果暗物质与普通物质相互作用，我们最终将会找到它。

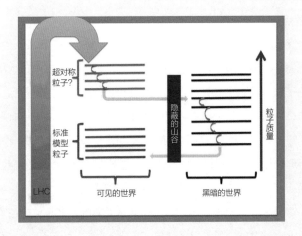

>> 图 6.10：假设 LHC 可以产生重的超对称粒子。这些粒子会逐级衰变，直到产生出最轻的粒子。有些理论提议，这个最轻的粒子可能是某种能够在我们的世界和另一个平行的暗物质宇宙之间旅行的"信使"。

资料来源：宝琳·加尼翁。

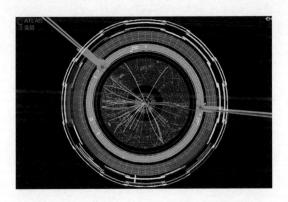

>> 图 6.11：ATLAS 实验捕获到的一个事例，挑选出来用于搜索假想粒子衰变产生的粒子，这种假想粒子可作为我们的世界与由暗物质组成的另一个平行世界之间的信使，我们的世界是由所有的标准模型粒子和超对称粒子组成。这个信使可以衰变，从而发射高能电子或 μ 子的喷注。还没有发现超出预期的其他事例，这个事例很可能来自一些背景过程。

资料来源：ATLAS 合作组。

本章要点

尽管标准模型具有高度精确的预言能力，并获得不可否认的成功，但它充满了漏洞。最值得注意的问题是标准模型中没有与暗物质相对应的粒子，以及它不能解释宇宙中物质和反物质之间的不对称，即反物质怎么会莫名其妙地消失。理论物理学家们由此知道必须有一个更为广泛的理论，一种能让我们走得更远并抵达我们所说的"新物理学"的流行理论是超对称理论，即 SUSY。它解决了标准模型的一些问题，另外预言了一些新粒子的存在，其中一种新粒子具有暗物质的特性。但是，对于 SUSY 来说，也不是一切都是完美的，其最大的缺陷就在于它还没有被发现。尽管已经做出了相当大的努力，但还没有发现任何新的 SUSY 粒子，虽然仍有许多尚未考虑的可能性。当然，如果这些粒子非常重，当 LHC 运行在 8 TeV 的能量时，这些粒子已经超出它的可及范围了。现在我们只能希望 LHC 在 2015 年以更高的能量，即 13 TeV，重新启动后，会有令人兴奋的惊喜。

第 7 章

基础研究能给我们什么好处

　　粒子物理学的基础研究无疑是（或者我希望我已经向你展示了）令人着迷的，但它也是有代价的。例如，CERN 的 LHC 的建造成本（人员、机器研发和材料）约为 30 亿欧元（约合 33 亿美元）。ATLAS 探测器的建造本身耗资 4.55 亿欧元（5 亿美元）。然而，尽管这些数字看起来很高，但 CERN 的 8.25 亿欧元（约 9 亿美元）的年度预算仅相当于每个欧洲公民喝一杯咖啡的总费用。

　　这些仍然是一大笔巨款，所以每个人都可以问是否值得。在本章中，我将展示投资于研究的资金不仅产生了百倍的经济回报，而且也使整个社会受益。由于研究带来的技术突破，使医疗技术和通信技术得到了改善。物理学的基础研究彻底改变了我们的生活方式，并且改变还在继续。

　　在本章中，我将主要介绍 CERN 的例子，因为它是目前正在运行的最大的粒子物理国际研究实验室。日本质子加速器实验室（Japan Proton Accelerator Research Complex，J-PARC）是一个多功能研究中心，也使用一台质子加速器。其他实验室，例如美国的斯坦福直线加速器中心（Stanford Linear Accelerator Center，SLAC）和费米国家加速器实验室（Fermilab）以及德国的德国电子同步加速器（Deutsches Elektronen-Synchrotron，DESY），直到最近仍是非常活跃的粒子物理研究中心，但它们的加速器现在都已停止运行。然而，在费米实验室，主注入器 ① 仍在运行，为 MINOS、Minerva 和 NOVA 等

---

① 为其实验室过去的大对撞机注入束流的前一级较小的加速器。——译者注

实验提供中微子束流。其他实验正处于审批或施工阶段。还有其他几个较小的研究中心，如加拿大的萨德伯里中微子观测站实验室（Sudbury Neutrino Observatory，SNOLAB）、日本的高能加速器研究机构（High Energy Accelerator Research Organization，KEK）和意大利的格兰萨索（Gran Sasso），都是在专门研究中微子物理和进行暗物质搜索。最近，所有参与粒子物理研究的国家都决定在大型国际合作中共享资源，例如那些积极参与 CERN 的研究的国家。

粒子物理学基础研究的收益并不一定是直接的。例如，目前没有人知道希格斯玻色子是否会有实际用途。很有可能它不会！对希格斯玻色子进行的研究不是希望用它来解决人类的什么大问题。相反，研究的目的是更好地理解我们周围的物质世界，并将知识水平提高一个档次。

因此，基础研究实验室的第一个任务是满足人类对知识的深刻需求。自从人类出现以来，人们一直想知道他们的起源和命运。但是这些实验室还有其他三个主要目标：为科技发展做出贡献；培养高度专业化的工作队伍；就国际实验室而言，通过科学研究促进世界和平与国际合作（图 7.1）。

>> 图 7.1：每年有来自约 50 个不同国家和地区的 250 名学生参加 CERN 暑期学生计划。他们不仅为各种研究活动做出贡献，而且还会结交来自世界各地的年轻人。
资料来源：CERN。

不过，我们不应低估任何新发现的潜力。一百年前，谁能预测到物理学家对电子和电磁波的研究，会对我们的生活产生难以置信的影响呢？一个（有争议的）趣闻说明了这一点。当英国财政部长质疑迈克尔·法拉第关于他的电力研究的潜在用途时，据说法拉第回答说，他不知道电可以做什么，但补充说："有一天，先生，你可能会对它收税。"

对电子和电磁学的研究导致了电子学、通信和计算机的发展。物理学家们在过去的几个世纪中所做的工作，结合工程技术人员的专业知识，将发明创造转化为实际应用，重塑了我们的日常生活。没有物理学的基础研究，我们将仍然只能就着烛光阅读。我们肯定会有非常漂亮的蜡烛，但正如一位同事指出的那样，它们仍然只是蜡烛。基础研究不仅对我们的生活产生了重大影响，而且还启发了我们的精神，并使人类摆脱了无知。

理论和实验方面的基础研究都是以好奇心为指导的。它必须在不受限制的情况下完成，让想象力和创造力自由发挥。即使没有保证一定可以发现某些东西，也必须到处寻找。另一方面，应用研究旨在为具体问题找到切实可行的解决方案。它利用基础研究活动带来技术突破，并进一步发展新技术。物理学被其他一些学科使用，并在各种各样的工业部门中发挥重要作用。从经济学的角度来看，物理学影响整个社会，诸多领域的回报会影响我们日常生活中的每一个人，正如我们在本章中将要看到的那样。

经济回报

一些研究试图评估基础研究对经济的影响。其中之一，由经济和商业研究中心（Cebr）为欧洲物理学会所做的研究，是有启发意义的。它从技术和科学角度估计了基础研究对整个依赖物理学的欧洲工业的影响。因此它涵盖了所有包括电气、机械和土木工程、能源、计算、通信、设计和制造、运输、医疗和航空业等在内的经济活动。

2010 年，这个行业为欧盟 27 个国家以及瑞士和挪威（图 7.2）创造了 3.8 万亿欧元的收入。这相当于这些国家总收入的 15%，并且超过了所有的商品零售额。总共有 1540 万人在这个行业工作，占欧洲劳动力总数的 13%。

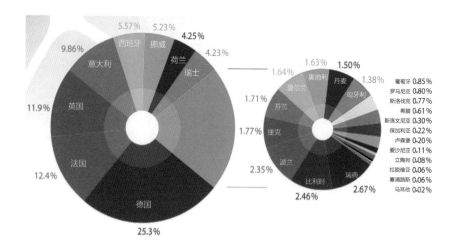

>> 图 7.2：来自依赖于物理学的工业部门对各欧洲国家的收入总额贡献的百分比。
资料来源：欧洲物理学会。

为技术发展做出贡献

正如我们在整本书中所看到的，当今粒子物理学的研究需要高度精密的工具。在大型实验的设计阶段，所需的技术通常尚不存在。它们必须与时俱进，特别是对于 LHC 等大型项目，它们是提前 20 多年计划的。LHC 的建造使得一些技术超越了现有的界限。以前从来没有使用过如此强大的超导磁铁来建造仪器，更不用说到这个项目的规模了。与超导、极高的真空和极低温度有关的技术都有了很大的发展。

LHC 上的大型实验的国际合作组为他们的探测器使用的所有测量设备也是如此。所有这些设备都需要更能承受极高的辐射水平，需要更高性能的电子模块来处理高速和海量的数据采集。这种需求为构建计算网格这一庞大的计算机网络提供了动力，计算网格连接了遍布世界各地的数十万台计算机，提供了 LHC 实验所需的计算能力。

在技术方面的这种进展已经转化为大量的多种专业领域的工业应用。例如，这些应用包括配备有光纤的湿度传感器，使用永久磁体的发动机隔膜系统，用于印刷电路板设计的开源软件以及用于 3D 打印的附加处理技术，等等。

一些发现也直接影响了地球上绝大多数居民的日常生活。万维网就是来自CERN 的一例最显著的回报。它深刻地改变了我们获取信息和知识的方式，在新兴国家也是如此，从而影响了地球上数十亿人的日常生活（参见以下"来自CERN 的最好礼物"的文本框）。

来自 CERN 的最好礼物

到目前为止，CERN 对人类的最大影响并不是希格斯玻色子的发现，而是万维网（World Wide Web，WWW）的发明。1989 年蒂姆·伯纳斯·李（Tim Berners-Lee）（图 7.3）在 CERN 工作期间，由他和他的团队开发的万维网旨在解决影响数千名 CERN 研究人员的一个问题，即科学家需要一种有效的方式来交换信息。大多数物理学家经常往返于他们各自国家的研究所和CERN 的实验室从事研究活动。因此，万维网就因为他们需要交换信息应运而生，而不必在旅行箱里总是拖着成公斤重的印刷文件。

但是，如果说蒂姆·伯纳斯·李是一个有远见的人，那么 CERN 也非常有前瞻性，它决定不索取任何版权费用而将该发明免费提供给全人类。由于它的研

>> 图 7.3：蒂姆·伯纳斯·李在 CERN 工作期间发明了万维网。1994 年他坐在显示第一张网页的这台电脑屏幕前。据一些消息来源显示，万维网络每年刺激商业流量达 1.5 万亿欧元。
资料来源：CERN。

究得到公共资金的资助，CERN 希望确保万维网能够让每个人受益。因为它允许信息在地球上的任何地方发布和获取，谁还能忽略这个交流工具对我们生活的影响呢？

例如，粒子物理学界越来越多地采用"开放源代码"的方式，即免费分享知识，并通过万维网分发知识。当今，CERN 的实验结果不再仅仅是发表在昂贵的专业期刊上，而是所有信息都可以在开源媒体上找到。这不仅适用于科学出版物，而且也适用于本着合作和分享精神的与其他机构、行业或社团共享的软件。这确保了来自新兴国家的大学和研究机构不受到版权处罚。

培训高度专业化的员工队伍

世界上所有的物理实验室都需要组建高度专业化的研究队伍。例如，CERN 除了有 2500 名雇员外，还接受了 13000 多名研究人员、博士生、工程师和技术人员参与研究。他们来自 78 个国家和地区的研究机构。

每年都有来自各大洲的 1000 名高中教师前来了解 CERN 的设施和研究计划。然后他们可以把他们获得的知识传送给他们的学生。2014 年，CERN 还为来自世界各地的高中生组织了一项新的竞赛。到目前为止，来自希腊、荷兰、意大利和南非的团队，被邀请来实验室进行他们自己的实验。学生、研究人员和技术人员经常前来进行时间长短不同的实习。每年夏天，来自世界各地约 250 名学生参加 CERN 的暑期课程。这些年轻人除了为实际研究项目做出贡献之外，还接受范围广泛的训练。作为其培训任务的一部分，各种物理实验室也为高年级学生主办有关加速器、物理和计算机的暑期培训。

因为空缺职位的数量非常有限，无论他们的志愿如何，只有一小部分受过粒子物理培训的学生从事研究工作。其他高素质人才涌入各种其他领域，包括金融、工业、通信和计算机。一些处于提前退休阶段的物理学家甚至会撰写科普著作！

所有的物理实验室都高兴地向公众敞开大门。仅 CERN 每年就接待100000 多名参观者。例如，2013 年，来自 63 个不同国家的人们前来参观，其中 40% 是学生。CERN 真的很喜欢接待公众参观，它还在 2013 年 9 月 28 日和 29 日举办了"开放日"（图 7.4 和图 7.5），两天里吸引了来自各大洲的另外 7 万人前来参观。幸运的是，有 2300 位志愿者欢迎了他们，带领其中 2 万人到地下 ① 去探讨那里的设施情况。其他人可以从 40 项活动中进行选择，要么与研究人员进行讨论，参观各种工作室和参加短期会议，要么去体验一下迷人的宇宙。这些开放日大约每 5 年组织一次，下一次开放日计划于 2019 年 9 月 14 日和 15 日举行，这是不容错过的机会。您也可以通过联系"访问服务办公室"随时访问 CERN。

>> 图 7.4：2013 年 9 月 CERN 开放日期间，访客参观 CMS 探测器。
来源资料：CERN。

―――――――――

① 几十、上百米深的地下。——译者注

>> 图 7.5：在开放日期间，有 70000 人前来造访 CERN。类似这张图所示，在一个低温实验室里，其中一部分的温度接近绝对零度。参观者可以尝试这种小型超导"滑板车"，它可以悬浮在轨道上而无摩擦地移动。

资料来源：CERN。

促进和平与国际合作

今天，几乎所有的粒子物理实验都是由国际团队进行的。这些研究项目的规模巨大，需要合作和资源共享。CERN 也因此而闻名，因为这种合作精神早在项目变得庞大之前就已出现在那里。CERN 于 1954 年在联合国教科文组织的支持下创建，"在第二次世界大战结束后，当欧洲处在废墟中的时候，所有事情都必须重建。"这些科学家和外交官中，包括弗朗索瓦·德罗斯（François de Rose）（图 7.6），正如我的同事科琳娜·普拉拉沃里奥（Corinne Pralavorio）在为德罗斯撰写的悼词中所写的那样，"认识到了振兴基础研究的重要性，而最重要的是，在欧洲大陆范围内开展合作是这一雄心壮志的驱动力。"

>> 图 7.6：法国前大使兼 CERN 的创始人之一弗朗索瓦·德罗斯在他 103 岁生日的前夕参观
了 ATLAS 实验，并说他为该实验室感到自豪，他称这是一项"欧洲巨大的成功"。他在 2014
年 3 月刚刚出版了他的回忆录《本世纪的外交官》后去世了。
资料来源：CERN。

　　12 个创始国回应了这一呼吁；60 多年后，CERN 现在有 22 个成员国①。总
共有 78 个国家和地区派遣科学家到 CERN 参加研究。近几年来，CERN 在方
向上发生了一个重大变化。现在，它不仅像以前那样从欧洲吸收新成员国，而且
也从其他各大洲吸收。在此开放之后，以色列是第一个加入成为 CERN 成员国的
国家②，而印度、立陶宛、巴基斯坦、土耳其和乌克兰现在是准成员国。塞浦路斯
和斯洛文尼亚也表示打算成为正式成员国。同时，欧盟、日本、杜布纳联合原子
核研究所、俄罗斯、联合国教科文组织和美国拥有观察员地位。成员国将其国民

——————————

① 　CERN 的 12 个创始国是比利时、丹麦、法国、德国、希腊、意大利、荷兰、挪威、瑞典、瑞士、
英国和南斯拉夫。从那时至今，南斯拉夫解体后退出，又陆续有 11 个国家成为成员国：奥地利、保
加利亚、捷克、芬兰、匈牙利、以色列、波兰、葡萄牙、罗马尼亚、斯洛伐克和西班牙。塞尔维亚于
2019 年 3 月正式成为 CERN 的第 23 个成员国。

② 　并且也是第一个欧洲以外的成员国。——译者注

生产总值的一部分贡献给 CERN 的预算，并通过他们在实验室理事机构（欧洲核子中心理事会）里的代表决定其运作。非成员国为其科学家参与的各种研究项目提供资助。

因此，粒子物理实验是国际合作的典范。不难发现，一些科学家来自彼此没有外交关系的国家和地区，但正在同一个项目里为共同的目标而努力。CERN 的工作非常出色，可以作为在中东建立类似实验室的范例。位于中东的实验科学和应用的同步辐射光源（SESAME 项目）是正在约旦建造的一个多学科研究中心。它将招募来自该区域的研究人员，包括巴勒斯坦、以色列和巴基斯坦。该中心的一些科学家在 CERN 接受了培训（图 7.7）。

>> 图 7.7：在 CERN 实习期间，来自巴基斯坦伊斯兰堡的国家物理中心的两位科学家，物理学家苏梅拉·亚明（Sumera Yamin）（左）和电气工程师哈立德·曼苏尔·哈桑（Khalid Mansoor Hassan）（右）。在那里，他们学会了如何制造 SESAME 的加速器所需的磁铁。照片是他们与他们在这里完成的作业——第一块 SESAME 上的磁铁。
资料来源：CERN。

知识转移

基础研究可以推动创新。粒子物理实验需要最先进的技术，并不断推动技术向前发展。拥有一项新技术固然是好事，但是如果能找到它的实际应用，并找出一种推销方式，就更好了。很多实验室对此都非常清楚，并且正在加强努力，不断完善。例如，在 CERN，知识转移办公室的目标就是列出整个实验室的所有新的发明创造，然后吸引商业伙伴。

技术人员、工程师和物理学家受到鼓励，把所有新的有希望的技术研发都通知给知识转移办公室。然后该办公室通过申请必要的专利和将其发给工业合作伙伴，负责增加这些研发的价值。它们与 CERN 的一些成员国正在讨论设立"孵化中心"，在英国和荷兰最近建立了两个这样的"点子温床"，另一个很快将在希腊开张。

其目的是方便高科技行业的小公司来获得 CERN 开发的专有知识和技术，并弥合基础科学和工业之间的差距。潜在的合作伙伴和已签署的技术转让协议的数量都正在增加。这些努力有助于缩短从发现到找到实际应用的时间。在 20 世纪，人们经常不得不等待几十年才能看到基础科学的回报成为现实。

一点援助就能帮上很大的忙

由于知识转移基金的支持，CERN 将知识转移的部分收益再投资于新项目，以支持最有前途的技术。一位在 CERN 工作过的前员工几年前就是这样从该基金获得财政支持，并充分利用了为 LHC 束流开发的超洁净真空技术，生产出性能更好的太阳能电池板的。

当输送热水的管道没有完全绝缘时，用太阳能来加热水的热太阳能电池板的效率很低。改善绝缘的一种方法是将管道置于真空中，这提供了与暖水瓶相似的绝缘。我们开发了一种全新的方法，在 LHC 的束流管中获得近乎完美的真空，从而提供最佳的绝缘性能。在那里，用一种特殊材料可以捕捉真空泵留下的空气分子。这种材料或多或少像用来捕捉苍蝇的老式的黏性捕蝇纸。剩余的气体分子黏附在这种材料上，产生近乎完美的真空，从而消除热量的损失。

这些比传统方法更有效的太阳能电池板，现在覆盖了日内瓦机场主航站楼的屋顶（图 7.8）。它们确保暖气和空调高效工作，并且即使在下雪或阴天的情况下也能良好运行。

>> 图 7.8：利用为 LHC 开发的超洁净真空技术，设计出更有效的太阳能电池板。其中一些太阳能电池板目前正在为日内瓦机场提供暖气和空调。即使在阴天或在厚厚的积雪下，它们也能良好运行。
资料来源：CERN。

在医学和其他领域的应用

粒子物理对医学的影响最令人印象深刻。在粒子探测器和加速器中使用的方法（见"抗癌的新武器"的文本框）已经应用在医学中。医学成像尤其受益于物理学研究。该领域以放射照相的 X 射线开始，如今提供了大量的医学成像技术，例如使用扫描仪、核磁共振成像和正电子发射扫描。所有这些应用都直接来自物理学家在 20 世纪对例如 X 射线、反物质、电子及其自旋和电磁学所做的工作。当时谁能想象这些应用中的任何一种呢？

另外，放射性同位素，即放射性原子核，也已用于诊断和治疗某些癌症，如甲状腺癌。CERN-MEDICIS 中心是一家致力于生命科学和医学的全新物理实验室，于 2014 年落成启用，将开发用于医疗应用的新放射性同位素。

放射性同位素的一个主要问题是，鉴于它们迅速分解，它们的使用仅限于靠近产生它们的实验室附近的保健中心。CERN 正在与西班牙的 CIEMAT（一个致力于能源、环境和技术的研究中心）合作开发非常小的加速器。然后，每个医院都可以配备这种设备，并根据需要在医院内生产小剂量的放射性同位素。

抗癌的新武器

在全球范围内大约有 10000 台粒子加速器用于医疗目的。它们可以将大量的能量集中在一个微小的空间点上。它们的极高精确度使其成为瞄准和杀死癌细胞的理想工具。

此外，新型加速器已经被设计出来，使强子疗法成为抗击癌症的最新技术。那里，是用强子（所有由夸克构成的粒子的名称，例如质子）束流照射癌变的器官，而不是在常规放射治疗中用的来自 X 射线的光子。强子疗法具有更有效地摧毁癌细胞的巨大优势，同时不会影响途经的健康组织（图 7.9）。几个强子治疗中心目前正在世界各地运作。

美国费米实验室的第一任主任鲍勃·威尔逊（Bob Wilson）在 1946 年首次提出质子疗法，并于 20 世纪 50 年代开始临床治疗。

Fermilab 的中子疗法设施自 1976 年以来一直在治疗患者。

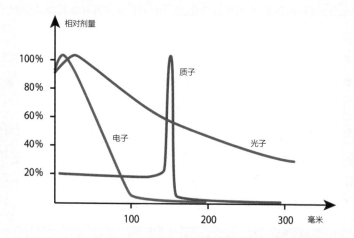

>> 图 7.9：垂直轴显示了各种粒子的沉积能量的百分比，作为在水平轴上人体组织中穿透深度（以毫米为单位）的函数。常规放射治疗中使用的来自 X 射线的光子具有沿着路径损失其大部分能量的缺点，如标有"光子"的曲线所示。因此，它们在到达目标（位于一定深度的癌细胞）之前损伤健康组织。但是，强子疗法中使用的质子具有极大的优点，它能够在非常精确的深度沉积所有能量。它们可以被精确调整为只摧毁癌细胞，而不会损害沿途的健康细胞。电子实际上在人体组织的表面就损失了所有的能量，因此无法破坏位于器官内的肿瘤。

资料来源：让－弗朗索瓦·埃伦（Jean-François Héron）。

　　两个这样的治疗中心，即意大利的国立肿瘤强子治疗中心（Centro Nazionale d'Adroterapia Oncologica，CNAO）和奥地利的离子治疗和研究中心（MedAustron）（图 7.10 和图 7.11），他们的加速器是与 CERN 合作研发的。CERN 正在进行一项特定的研究计划，以改进和简化这些加速器所需的技术。一些年轻的研究人员也在 CERN 受过培训，现在在各个国家的医疗中心工作。

　　连对反物质的研究也为抗癌做出了贡献。在 CERN 的"反物质工厂"进行的 ACE 实验证实，反质子比质子在摧毁肿瘤方面甚至更有效。它们不仅像质子一样将大部分能量沉积在人体组织中的精确深度，而且反质子也可以与癌细胞原子中的质子一起湮灭。在肿瘤里释放更多能量，从而摧毁更多的癌细胞。

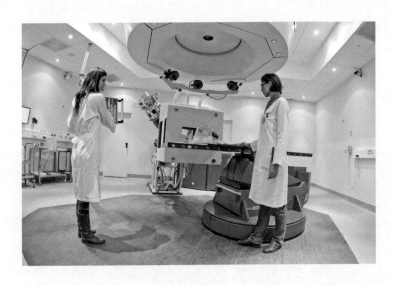

>> 图 7.10：患者在意大利国立肿瘤强子治疗中心接受强子疗法治疗时所看到的。
资料来源：CNAO。

>> 图 7.11：……还有隐藏在墙后，病人看不见的。这台加速器是与 CERN 联合开
发的，通过强子疗法更有效地摧毁癌细胞。
资料来源：CNAO。

电子学和电信的整个领域直接来自对电子和电磁波的研究。由于这项工作，我们不仅有了广播和电视，还有了手机、定位系统（GPS 等）和通过卫星进行的通信，以及激光和数码相机。现代计算机的核心是 CPU（中央处理单元），这是包含数百万个晶体管的小型芯片。小型化的印刷电路技术使我们从 1947 年出现的第一个尺寸非常大（图 7.12）的晶体管，沿着一条漫长的路走到现在。

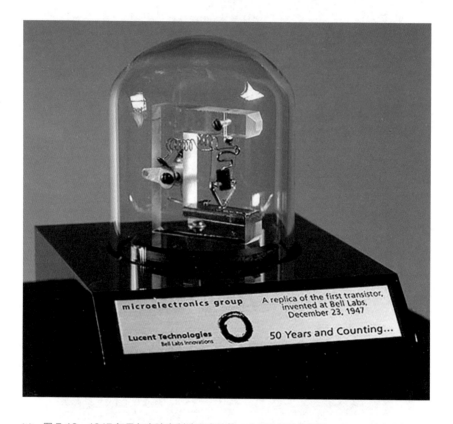

>> 图 7.12：1947 年贝尔实验室制造出来的第一个晶体管的复制品。今天，一台计算机的 CPU 包含数以百万计的微型晶体管。
资料来源：维基百科。

展望不久的将来，CERN 的工程师们正在测试可以在"较高的温度"下工作的超导电缆。我们在此讨论的是 −250℃左右的温度，这比传统超导体的工作温度高，而传统超导体通常在接近 −270℃的温度下工作，但此"较高的温度"即使按照加拿大 ① 的标准仍然很冷。这些测试的目的，在于确定通过使用超导电缆在没有能量损失的情况下长距离运输电力的可行性，因为普通电缆是传统电力线路中能量损失的主要来源。CERN 和其他地方，比如比利时（参见"清洁和安全的核能"文本框）也在努力将高放射性核废料转化为危害较小的材料。

那么，物理基础研究能给我们什么好处呢？它不会创造出什么东西当饭吃，但是它产生的效益是巨大的。基础研究会持续产生重要的社会影响，并不断改变我们生活和思考的方式。

清洁和安全的核能

各种能源的开发依赖于物理学的研究。电力就是如此，无论它是来自太阳能、水电还是核能。核电厂是在**核裂变**的基础上运行的，核裂变是重原子核分裂成两个或几个较小的核的过程，释放出大量的结合能。

不幸的是，这项技术具有很高的风险：它会由于放射性废物给环境和子孙后代带来麻烦，因为没人真正知道如何妥善处置这些废物。而且，如果控制系统发生故障，核反应会很危险。然后，当问题发生时，事情就会以灾难告终，正如切尔诺贝利和福岛的事故已经清楚地证明的那样。这些并不是我作为物理学家可以引以为荣的那种回报，即使每种电力生产方法都会带来一些风险：有多少人死于开采煤炭和石油？因此探索更安全的替代品非常重要。

目前正在研究开发着另一种称为**核聚变**的核反应，在那里，很轻的核（如氢）合并在一起形成较重的核。这正是太阳产生能量的方式。核聚变将导致产生更多的能量，而没有经典核裂变发电厂固有的危险。不幸的是，这项技术非常复杂，并且不完全环保，因为所用的一些材料会变得具有放射性。不过，国际社会仍然将大量精力投入位于法国南部卡达拉奇（Cadarache）的一个名为国际热核聚变实验反应堆（International Thermonuclear Experimental Reactor, ITER）的巨大项目。

---

① 因为加拿大靠北，是世界上最冷的国家之一。——译者注

还有第三种更有希望的替代方案。它通过使用粒子加速器以受控方式诱导核裂变，将允许以更安全和更清洁的方式生产核能，而不产生放射性废物。这项技术的一种实现方式称为加速器驱动系统（Accelerator-Driven System，ADS），是由几位物理学家提出的，包括 1984 年诺贝尔物理学奖得主和 CERN 前任总主任鲁比亚（Carlo Rubbia）。这包括通过用中子轰击没有放射性的原子核来激发裂变，这些中子是通过用质子束瞄准轰击汞、铅或铋的靶而获得的，因此反应是可控的。

与传统的核电厂相比，ADS 反应堆不会有失控的风险，因为它们使用的燃料要少得多，并依靠外部中子源来维持核反应。该技术因此完全可控，并且在事故或自然灾害的情况下可以随意终止反应。还可以调节能源生产以适应消费者的需求，而不用只是为了在高峰时间提供足够的用量而持续产生大量电力。此外，这种技术可以用来中和大多数现有的放射性废物，通过辐照那些废物将其转化为更易处理的材料。

不幸的是，目前的核工业界的游说正在拖延（甚至可以说阻止 ① ）这种技术的研发。虽然在 CERN 和其他地方进行的几项实验证明了 ADS 技术的可行性（图 7.13），但这些核工业界的人仅仅因为经济考虑而拒绝改变方向。尽管如此，一些科学家正在坚持努力，并试图集结政治和工业支持。数百名对这项技术感兴趣的科学家出席了 2013 年 11 月在日内瓦举行的一次会议。许多人都希望，名为"为高科技应用的多用途混合研究反应堆"（Multi-purpose hYbrid Research Reactor for High-tech Applications，MYRRHA）的国际合作项目即将在比利时北部的莫尔（Mol）开工。该项目将开发一种 ADS 系统，将燃烧现有核电厂的放射性废物作为自己的燃料。从长远来看，该团队将开发一种新型 ADS 反应堆，它应该是清洁和安全的。

这项技术吸引了越来越多的发展迅速的国家（如中国和印度等）的兴趣，因为它们的能源需求是巨大的。让我们希望所有这些努力不久将会提供一种安全、环保的能源。

---

① ADS 技术没有出现在第四代国际论坛（GIF，Generation IV International Forum）保留的 6 种核反应堆类型的清单中。这个国际论坛重新组合了来自 13 个不同国家的核工业代表，推广新一代核反应堆的类型。

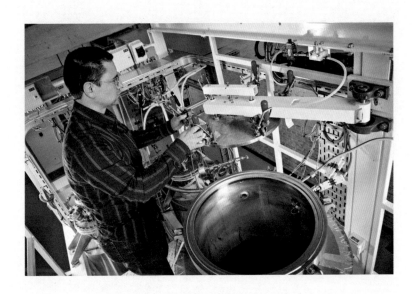

>> 图 7.13:比利时核能研究中心 SCK-CEN[Studiecentrum voor Kernenergie（荷语）- Centre d'Etude de l'Energie Nucléaire（法语）- Belgian Nuclear Research Centre] 正在研发一种新型核反应堆,它将利用现有核电站的放射性废物作为燃料来生产能源,并中和这些废物。

资料来源:获得 SKN-CEN 许可。

本章要点

物理基础研究不仅在经济层面影响社会,而且深刻改变了我们的日常生活。尽管并非所有的科学发现都能够立即找到实际应用,但如果没有物理基础研究,今天我们将没有医疗成像、万维网、电子产品、电脑和手机。基于物理和相关技术的工业分支的收入占欧洲总收入的15%,雇用了13%的员工。

物理学研究不仅可以增加我们的知识,回答人类总是询问的有关其起源和命运的一些深刻的问题,而且还能培养高度专业化的员工队伍并促进技术发展。CERN 是一个国际合作的典范，通过汇集数以万计的 112 个不同国籍的科学家为实现共同目标而努力，为世界和平做着贡献。

第 8 章

CERN 的实验：独一无二的 管理和合作模式

正如我们在前一章中看到的，13000 多位物理学家和工程师参加了 CERN 的研究项目。不过，这些被称为**用户**的人不直接为 CERN 工作，而是为欧洲、北美洲、南美洲、亚洲、非洲和澳洲的 78 个国家和地区的数百个研究机构工作。当今，只有国际合作才能确保在 CERN 和在其他地方开展的那些大规模粒子物理领域的科学项目取得成功。

CERN 直接聘用的员工约 2500 人（图 8.1），主要是从成员国招聘的科学和技术人员。不到一百位物理学家受聘于 CERN 参与基础研究；其余的绝大多数从事应用研究。CERN 负责所有行政和技术方面的工作，并全权负责加速器，如 LHC。LHC 是在 CERN 的管理下与工业界和其他实验室（如美国的 Fermilab 和日本的 KEK）合作设计和建造的。造好后，它现在由 CERN 的员工操作和运行。

另一方面，物理实验则完全是由庞大的国际合作组负责。这些合作组由数百个研究机构聘用的研究人员的团队所组成，在一个不分强弱、平等且民主的大型团体中进行合作。每个研究机构都任命一名代表参加合作组委员会，该委员会确定该合作组的运作规则，接受新的研究机构的加入申请并确保它们能持续地参与。每个合作组集体开发和规划它们的科学项目，然后必须由 CERN 理事会指定的科学评审委员会批准。

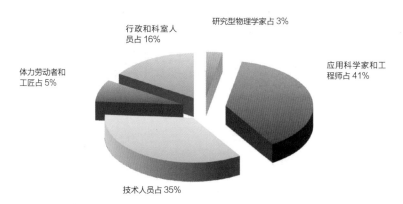

CERN 的全体员工

>> 图 8.1：CERN 员工的分布情况。CERN 对实验室的所有行政和技术方面的工作以及加速器负责。而那些大型实验本身则是由对应的大型国际合作组来掌管，这些国际合作组吸引了 13000 多人到 CERN 工作。[①]
资料来源：CERN。

正如之前所说，在 CERN 的 LHC 上有四个大型探测器，即 ALICE、ATLAS、CMS 和 LHCb。它们是谁设计的？又是谁来构思、计划、监督和管理参与这些实验的数千名科学家的工作呢？没有特别的什么人，而是每个人。实际上，科学家几乎是按照他们自己认为合适的方式在工作，并且随心所欲地工作。混乱吗？当然有一点儿，但它最终非常有效，这也许是确保这种大型项目成功的唯一可能的方法。

起初，没有人知道开展这些项目的确切形式。每个参与者或多或少都有自己的想法，他们必须与整个团队进行辩论。根据对各个部件的原型所进行的贯穿于整个开发过程的测试结果进行讨论，从而使想法和观点通过讨论逐渐演化。评估标准是客观的：在性能、可靠性和成本方面必须选择最好的技术。单独一个人绝对不可能成功地设计和建造任何一台这样的探测器。

① 时间长短不一，从几周到几年不等。——译者注

事实上，没有人准确地知道每台探测器运作的完整细节。这些知识分布在有关科学家的整个群体中，就像任何大型工业项目一样。这些合作组与商业公司的真正区别在于，这里没有人向另一个人命令他或她应该做什么。每个人和每个研究机构都必须找到他们在哪方面以及如何为正在进行的不同研究项目的成功做出贡献。

表 8.1：CERN 用户分布状况 [1]

成员国	6308	观察员国	2563	玻利维亚	3	伊朗	29	巴勒斯坦	5
德国	1103	美国	974	波黑	1	伊拉克	1	秘鲁	8
奥地利	80	印度	217	巴西	113	爱尔兰	23	菲律宾	1
比利时	110	日本	257	喀麦隆	1	约旦	1	卡塔尔	1
保加利亚	74	俄罗斯	957	加拿大	139	哈萨克斯坦	1	萨尔瓦多	1
丹麦	53	土耳其	158	佛得角	1	肯尼亚	2	塞内加尔	1
西班牙	331	**准成员国**		智利	16	拉脱维亚	1	新加坡	3
芬兰	80	罗马尼亚	122	中国	297	黎巴嫩	12	圣马丁	2
法国	743	**向成员国过渡的准成员国**		塞浦路斯	18	利比亚	1	斯洛文尼亚	23
希腊	153	塞尔维亚	41	哥伦比亚	35	立陶宛	21	斯里兰卡	4
匈牙利	69	**其他**	**1485**	朝鲜	1	卢森堡	4	叙利亚	1
以色列	52	阿富汗	1	韩国	116	马其顿共和国	1	中国台湾	48
意大利	1682	南非	20	哥斯达黎加	1	马达加斯加	3	泰国	12
挪威	59	阿尔巴尼亚	2	克罗地亚	36	马来西亚	15	突尼斯	4
荷兰	144	安哥拉	6	古巴	11	摩洛哥	11	乌克兰	60
波兰	249	沙特阿拉伯	3	埃及	22	毛里求斯	1	委内瑞拉	10
葡萄牙	105	阿根廷	16	厄瓜多尔	4	墨西哥	70	越南	11
捷克	218	亚美尼亚	22	爱沙尼亚	15	黑山	3	津巴布韦	2
英国	642	澳大利亚	27	格鲁吉亚	38	尼泊尔	6		
斯洛伐克	102	阿塞拜疆	7	直布罗陀地区	1	新西兰	5		
瑞典	71	孟加拉国	3	冰岛	4	乌兹别克斯坦	5		
瑞士	188	白俄罗斯	41	印度尼西亚	7	巴基斯坦	44		

---

[1] 表中数据来自 CERN，显示了截至 2018 年 1 月 24 日，来自 112 个国家和地区的 13342 个 CERN 的用户的分布状况。

那么，所有这些是怎么运作的呢？比如，ATLAS 探测器（有史以来最大和最复杂的科学仪器之一）是怎么由来自 38 个不同国家和地区的 175 个研究机构的 3000 多位物理学家和工程师建造出来的呢（表 8.1）？同样的问题也适用于有类似规模的合作者的 CMS 探测器，或者是有上千名科学家参与建造的 ALICE 和 LHCb 探测器。什么东西在激励所有这些人？他们如何共同努力，设法把可行的技术界限推到极致？

一个共同的目标

这些大型合作组的凝聚力取决于一个共同目标：理解物质的基本组成部分以及这些粒子如何相互作用。这些科学家正在试图了解宇宙，了解它是如何形成的，以及它朝什么方向演化。这是只有积极性极高的团队才能完成的重大挑战。他们的动机来自于基本的科学好奇心，人类必须了解我们所居住的物质世界，这是一种永无止境的需要。这种好奇心与促使你阅读这本书的好奇心本质上是一样的，唯一的目的是为了更多地理解世界。这种共同的动机决定了每个大型合作组的工作方向。

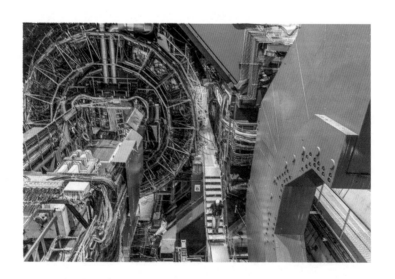

>> 图 8.2：ALICE 探测器的一部分，它专门研究宇宙大爆炸后最初时刻的物质行为。
资料来源：CERN。

　　科学家们必须制定一个战略，让他们能回答一些他们那个时代的大问题。当 LHC 上的四个大型合作组在 20 世纪 90 年代初组建时，CMS 和 ATLAS 的物理学家想要确认希格斯玻色子是否存在。但这只是 LHC 上的科学家想要解决的许多假设和尚无答案的问题之一。

　　LHCb 实验的主要目标是去了解宇宙大爆炸后所产生的所有反物质都跑到哪儿去了。ALICE 合作组（图 8.2）想要确定宇宙大爆炸后物质形成的方式。每个人都对暗物质的性质感到好奇。什么是可以解释超出标准模型范围的现象的"新物理学"？超对称会成为正确的答案吗？

一起规划

　　所有这些问题都促使实验物理学家们追求建造一个巨大的粒子加速器（LHC），并在它上面运行四台巨大的探测器（ALICE、LHCb、CMS 和 ATLAS）（图 8.3）。这个想法在粒子物理学界得到了共识后，对这些项目感兴趣的人开始定期开会，一起确定为检验尽量多的那些假设所需要的工具的特性。目标是尽可能多地回答以上那些问题。这就是 LHC 是如何诞生的。

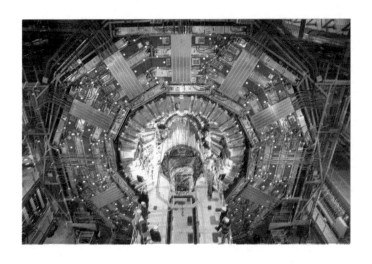

>> 图 8.3：将世界上最大的硅径迹探测装置插入 CMS 探测器中。
资料来源：CERN。

实验物理学家的任务是检验最可信的理论假设。另一方面，理论物理学家则倾向于已经建立的东西，也就是前几十年的实验所揭示的一切，并发展新的理论来更好地描述我们周围的物质世界。这些科学家也必须推测出他们的理论假设所带来的新粒子的行为。例如，他们必须事先预言，在希格斯玻色子被发现很早之前，它将会如何被产生出来，以及会如何衰变。然后，这些假设被实验物理学家们用来引导他们决定发现新粒子或检验各种假设的最佳策略和最佳可选的工具。

为了实现这个目标，物理学家们需要两个主要工具，正如我们在第 3 章中看到的那样：一台产生新粒子的加速器，以及一台探测新粒子的探测器。后者只不过是一个巨大的相机，用来捕捉由新粒子的衰变产物产生的图像。

从主要任务开始

于是，加速器的功能要设计得尽可能的强大，以最大限度地增加产生新粒子的机会，这些粒子过去还从来没在实验室中制造出来过。CERN 已经拥有一条 27 千米长的隧道，该隧道里过去曾安置过 LHC 的前身，即 LEP（大型电子正电子对撞机）。同一条隧道被重新利用以便降低建设成本，尽管它需要用比传统磁铁更强大的超导磁铁进行全面翻新。加速器现在不再加速电子，而是强大到足以弯曲质子的轨迹，而质子比电子重 1836 倍。这样一来，就把碰撞能量从 LEP 的 200 GeV 提高到 LHC 的 13,000 GeV（或 13 TeV）。

一旦加速器参数已知（对撞的能量、频率和每秒预期的对撞次数），科学家们就可以确定探测器的特性，以最大限度地增加找到新发现的机会，不仅是发现希格斯玻色子，而且可以发现具有各种特征的整个粒子动物园中的假想粒子。尽管对希格斯玻色子的搜索是迄今为止媒体中最关注的活动，但寻找超对称性、暗物质和新物理学的最初迹象从一开始就列在实验的研究议程里。

科学家们必须设计出尽可能多样化的探测器，因为当时没有人确切知道希格斯玻色子和所寻找的所有其他假想粒子将如何显现出来。基于理论物理学家们开发的理论，第 4 章中所描述的蒙特卡罗模拟引导过实验物理学家们选择探测器的特性。

获得所需的工具

我们是如何设计探测器的呢？起点源于我们共同的目标：通过发现新的粒子并测量它们的属性，来检验各种理论假说，进一步推进人类的知识向前发展。四个 LHC 实验中的每一个都是围绕一个共同的任务（他们打算解决的具体问题）而组建起来的，这个目标引导他们去设计最佳的探测器。

在第 3 章中，我们看到了使用探测器去重建对撞事例，即从其衰变产物中确定在加速器（LHC）进行的质子对撞过程中产生了哪些粒子。探测器必须能够识别可能从这些衰变中出现的所有类型的更轻和更稳定的粒子。

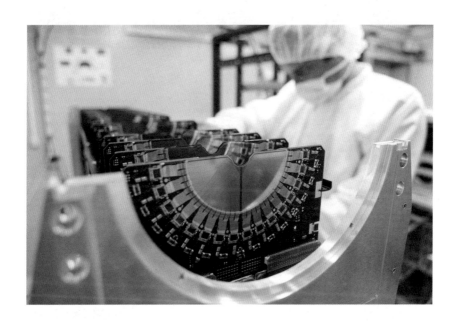

>> 图 8.4：在洁净室中组装 LHCb 探测器的顶点定位器（VELO）的第 42 个也是最后一个模块。该探测器可以确定每个带电粒子的初始原点，因此可以重建最初产生的粒子。
资料来源：CERN。

>> 图 8.5：将两个径迹探测装置的中心部分插入到 ATLAS 的心脏。
资料来源：ATLAS 合作组。

探测器由若干层组成，就像洋葱一样，每层对应一个不同的子探测器，旨在提取穿过探测器的每个单个粒子的部分有关信息，如图 8.2—8.6 所示的在 LHC 上运行的这四台探测器。我们需要重建那些粒子的轨迹，估计它们的能量，确定它们的电荷并指出它们是哪种粒子。这些属性中的每一个粒子都需要一个或多个子探测器来测量。每个子探测器和这些任务所需的每个其他工具都成为一个项目。在每个实验的大型合作组里，科学家们根据实验的需要，也根据自己的兴趣、资源和专长，参与到一个特定的项目，这样科学家们就可以保证他们将完成这些项目。每个人也必须承担公共的义务，例如图 8.7 所示的在探测器控制室内的数据采集值班。

巨大的科学野餐

这些大型合作组制定了一些相当灵活的规则，尽管这些规则缺乏任何法律效应，只是规定每个参与单位必须为这些项目中的某一个项目做出贡献。这种贡献可以是设计或制造用于重建粒子轨迹的子系统，也可以设计开发用于分析数据的算法和软件。其他参与单位则必须提供数据分发系统，以确保在成千上万台并行运行的计算机上重建对撞事例。

这或多或少有点儿像共产主义的基本原则，即"各尽所能"。每个参与单位都根据其资源做出贡献，这些资源通常取决于它们国家的资助机构可负担得起的数量。来自同一个国家的不同参与单位，也必须就如何分享配给它们的资源达成一致。他们还必须聘请为完成他们承诺的任务所需的人员。在 CERN 的这些大型科学合作组遵循着与大公司或其他国际组织常见的模式完全不同的运作模式。它看起来非常像一类巨大的"科学野餐"，每个参与单位同意贡献一些东西。就像集体用餐一样，每个单位都会带来他们想让大家分享的食物，尽管有人会协调整个合作组以确保有足够的食物和饮料。

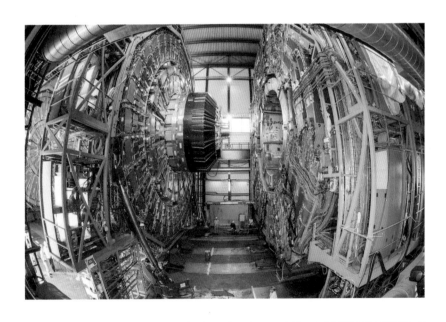

>> 图 8.6：最终合龙关闭前的 CMS 探测器。在开启 LHC 之前，宇宙射线被用来进行第一次涉及所有子探测器的测试，作为最终的对全探测器的检查。
资料来源：CERN。

>> 图 8.7：克斯汀·乔安（Kerstin Jon-And），ATLAS 合作组委员会的前负责人，正在探测器的控制室值班。该委员会负责监督所有关键的协调人职位的选举工作并确定合作组的各种政策。每个人都参加控制室内的数据采集值班，除了担任合作组中最高职位的人是罕见的例外。资料来源：CERN。

　　对于 LHC 的合作组，探测器所需的所有项目都在事先准备好的技术文件中进行了描述，并得到整个合作组的批准。各研究参与单位自由决定其愿意做出的贡献，但必须向整个合作组展示它将能够承担这一责任。任务的最终分配是通过协商一致同意的。这是一个贯穿整个项目的不断演变的动态过程。

　　一旦任务分配完毕并确定了时间表，项目协调员们就会密切关注他们负责的所有任务的进展情况。每个团队或参与单位都必须完成整个项目中它所承担的部分，以便使"野餐"取得成功。但是这个责任仍然是集体的：如果一个团队将一项任务分配给一个参与单位，后来这个单位在实现其目标中遇到了困难，那么整个团队将寻找财务、技术或人力手段来支持有困难的参与单位。归根结底，如果任何一个子系统出现问题，大家的共同目标就不可能成功实现。

谁来做什么？

那么谁来做什么呢？由谁决定？没有人，真的没有中央集权。这种方式依赖于整个团队，而不是从上向下发号施令。整个项目依靠的是所有相关人员的创造力和专业技能。虽然有的人愿意这样做，但没有人能够决定别人对事物的看法。当然，由于我们正在与人打交道，有些人的自尊心在这个过程中有时会受到冒犯。尽管如此，所有参与者都必须将他们的想法提出来，让大家充分讨论并说服其他人，然后达成共识。当一个工作团队中出现不同的意见时，每个人或每个工作单位必须通过使用模拟或原型测试的结果，向整个团队展示他们的想法的优点。这经常发生在各个层次举行的无数次（有时是无休止的）会议中。只是为了好玩，我在写这章内容的当天，数了数 ATLAS 合作组的会议量：共有 75 个工作会议。这些会议可以在 CERN 或其他地方举行，大部分会议都有视频链接。这样，即使是远离 CERN 的研究人员也可以参加这些会议。

在团队面前介绍自己的想法往往会获得可能的改进或者暴露弱点。最后，决策是集体做出的，是基于某一个特定方法的优势所展示的科学证据来决定的。当意见有分歧时，科学的利益必须高于一切，这一原则指导所有决策。因此，正是共同科学目标决定着整个国际合作组的运作，所有决策都是以协商一致的方式进行的。

下面是一个例子。在建造 ATLAS 的几个径迹探测系统之一的过程中，我们在项目的中途发现了一个重大问题。很明显，我们不得不将大部分建造步骤重做一遍，或者对该子探测系统准备用的气体进行更改。这两种解决方案都会带来很多风险和不便。经过几天的辩论后，每个人都能够陈述自己的意见，并呈现他们所做的各种测试的结果，整个团队大约 50 人，有 49 人同意开发新的气体混合物探测器。唯一的异见人士是项目协调员本人。由于他没能使整个团队相信他的意见更好，他不得不服从多数。

在一个商业项目中，如果有人把自己的观点强加给别人，且后来证明他做出了错误的选择，他很可能会最后导致失业。但在 LHC 合作组中，整个团队承担该项目的责任。这是一项集体努力，每个人都分享它的成功，如图 8.8 所示。

>> 图 8.8：2010 年 3 月 30 日，在 2008 年重大技术事件发生后的重新启动运行时，在第一束
质子发生碰撞后的 LHCb 控制室。
资料来源：CERN。

想法总是与时俱进，但执行起来很少没有曲折。通常需要开发新技术来实现已经确定的目标。此外，我们总是必须在研究目标的需求与其可行性之间进行平衡，因此必须相应地调整探测器的特性。一旦确定了科学标准，物理学家就将他们的项目交给工程师。在处理不可预见的困难时，可能还需要调整一些细节。

所以，并不是某个人在某天早上醒来一拍脑袋想出必须建造 LHC 及其四个探测器的主意。相反，所有这些都是在 15 年左右的期间内形成的，在这段时间里，项目的细节不断受到质疑和修改。在这些大型科学合作组中，没有主管，只有协调员。每个决策都是通过协商一致做出的。辩论通常是有益的，即使人性有时会使讨论复杂化。但最终，共同的科学目标总是占上风，并且拥有最后的决定权。

动机和宽容

我们不得不依仗所有参与者的个人动机，以确保项目的每一个方面都能按时完成，并尽可能地达到最佳标准。幸运的是，科学好奇心驱动所有参与者，并提供项目成功所需的动力和承诺。而且，尽管科学好奇心是主要动机，但希望提升自己在团队内部的地位这一动机也起着突出的作用。在多元文化和国际团队中工作，处于创新前沿的项目以及随心所欲的工作带给我们很大的乐趣（参见"一个小世界"的文本框）。但是，实现目标从来不会有任何经济上的报酬。[①]

>> 图 8.9：来自巴基斯坦和以色列的技术团队成员在施工期间的 ATLAS 大型 μ 子轮前合影。来自这两个组的人们成了朋友，并利用他们在欧洲的逗留时间一起去观光，比如花几天时间一起去逛巴黎。
资料来源：CERN。

---

① 指在这个领域里。——译者注

　　我们将在下一章中看到，为了成功，我们需要更加宽容，并且必须重视文化及个体的多样性，这正是团结不同国籍的人在一起工作的原因。例如，一度曾经有一个成员来自俄罗斯、以色列、巴基斯坦、美国、中国和日本的技术团队。他们一起在一位法国工程师的指导下，安装了 ATLAS 探测器的巨型 μ 子轮（图 8.9），所有这些都是在用差异很大的英语交流过程中完成的。

　　要做到这些，每个人都必须愿意伸出援助之手，不管这个任务看起来多么微不足道。例如，一位物理学家曾花了几个月的时间与一个技术团队在探测器上安装电缆。为什么？因为她想确保一切都能够完美地运行和工作，并且她也将获得实现了其科学目标后的巨大愉悦。她的情况并非罕见。我几乎能以我的 3000 位同事中的每一位为例。我自己花了两年的时间与一名工程师、几名技术人员和一两名学生一起，测试一个径迹探测系统中心部分的 118224 根导线中的每一根。

一个小世界

　　在粒子物理领域工作，确实可以给人们带来参与优秀项目的机会。但对我来说，最充实的，还是可以在这样多元化的团队中工作。我在 CERN 工作的 19 年中，以及在位于美国的两个实验室——SLAC 和 Fermilab 工作的 5 年期间，我和几十个不同国家和地区的人员坐在一起，与他们交流和讨论，与他们说笑，与他们一起进餐。我的上一个工作团队包含来自印度、巴基斯坦、美国、荷兰和加拿大的十几个人。

　　多年来，直接和我一起工作的同事来自中国、澳大利亚、俄罗斯、希腊、土耳其、瑞典、中国台湾、多哥、韩国、阿尔及利亚、哥伦比亚、美国、西班牙、塞尔维亚、德国、印度、越南、日本、巴西……好了，我停下来吧，这个名单太长了。总是有这么多不同国籍的人，我经常在开会时数数，只是为了好玩。我能够与来自世界各地的人交流意见，并了解他们如何工作和待人接物。我现在有来自世界各地的朋友，我可以与他们讨论任何问题。它不但改变了我的烹饪方式，而且改变了我对世界的看法，以及我对各国（地区）政治形势和历史的理解。没有什么比与一个外国人进行讨论能更好地了解该国（地区）的政治、历史或地理的了。

>>　图 8.10：每天 24 小时，不同团队的物理学家轮流在控制室值班，以确保收集到的数据质量良好。这总是与不同背景和来源的同事会面的一个绝佳场所。
资料来源：CERN。

　　我与我的男女同事就他们国家的女性状况进行了无数次讨论。我能够与那些人交流我之前只能在电视上粗略看到的有关战争、贫穷和自然灾害的情况。认识这么多不同的人，让我了解发现了其他文化，视野更加开阔。

　　最令人惊讶的是，尽管存在文化差异，但大家都意识到我们存在共性。这是如此的真实，以至于在这样一个特殊群体和环境中工作时，你很容易忘记，在你面前的人来自远离你几千千米的国家，他们的文化、语言或宗教完全不同（图 8.10）。每个人最终都学会了使用相同的语言，以各种不同口音的英语，表达技术和科学术语。每个人都分享着相同的目标和热情，这使我们能够轻松地克服差异所带来的任何困难或恐惧。

一种致力于研究的生活

　　不难看到，很多物理学家将其职业生涯的大部分都贡献在追求一个精确的定义，不管是希格斯玻色子或超对称粒子的发现，还是揭示暗物质的奥秘。当人们专注十几年或几十年来解决问题时，他们会毫不犹豫地花费一年或两年时间检查子探测器中的数十万条细小的导线，以确保该探测器顺利运行。我们知道，如果想要实现最终目标，这是至关重要的。

因此，每个人都会根据实验需求在非常多样化的任务中做贡献。在所有的 LHC 探测器的设计阶段，通过原型进行了无数的可行性测试。当我们进入建造子探测器的阶段时，我们不断地检查所有组件的质量。在地下进行整个探测器的组装时也要求学会新的技能，有些人必须接受脚手架工作或使用攀岩设备的培训。终于，运行阶段现在已经开始，所有相关的科学家们都轮流在控制室值班，以确保收集到的数据质量良好。如果出现设备故障或软件问题，有关团队可以快速介入。在数据分析方面，物理学家定期开会讨论他们的结果，改进校准，改善分析方法并开发更好的软件。

最后，每个 LHC 探测器都是一个令人难以置信的科学仪器，它结合了巨人症一样的大小，同时又必须具有极高的精度。例如，ATLAS 探测器重达 7000 吨，这是数百万极小的手工精细部件的总和。内部纵横着 3000 千米长

>> 图 8.11：每个人都为这个项目做出了贡献。鉴于这些仪器的复杂性，能让它们运行起来就是一个小奇迹。这是在建造过程中的一部分 ATLAS 探测器。
资料来源：CERN。

的各种电缆，为这个庞然大物提供高、低电压的电源，并收集来自上亿个频道的信号。同样大量的各种各样的管道和管件把冷却液和各种气体传送到那些需要它们的部件中去。所有这些都能一起协同工作，这真是一个奇迹！（图8.11）

但是这枚硬币还有另一面，虽然它不是科学家特有的特征。科学家们对研究的热情往往会让他们近乎痴迷，变成工作狂。有的人夜以继日地工作，忽视自己和家人的身体健康，星期六组织会议，没有假期，不分昼夜地快速回复邮件。换句话说，他们为自己的工作牺牲了一切。就我个人而言，我不认为这是必要的，肯定不应是连续工作模式，尽管需要高度责任心的职位经常需要这样做。

民主模式

既没有主管也没有任何管理人员来监督每个人的工作，只有一个全国际合作组的发言人，其角色是统揽全局的运作。每个参与单位的代表负责选出各个项目的协调员，有时有的人被选任在某个职位是出于政治原因。我们尽可能地努力确保担任协调员职位的人具有一定程度的多样性，这有助于确保来自资源较少且不能在 CERN 花费过多时间的国家的人员，更容易加入进来，并更好地表达自己的想法，而不会处于不利地位。这些协调员的职位工作起来会非常吃力，但也非常刺激。承担更多的责任，可以有助于个人的专业发展，充分显示其潜力并向上升迁。

合作和竞争

研究人员必须在竞争与合作之间找到适当的平衡点，默认的和最重要的规则是人们必须合作，工作团队最终都会摒弃那些拒绝合作的人。无论如何，没有人可以单打独斗做所有的事情，每个人都需要其他人和可靠的公用工具，知识和资源必须共享。

不过，每个合作组成员也都在与其他人竞争。绝大多数研究人员，特别是年轻人，只有短期合同。因此，每个人如果想在一个参与单位中获得一个永久职位，就必须展示自己的能力，证明其价值。要获得一个职位并且有机会继续参与这个非凡的科学探险并不容易。鉴于永久职位的稀缺性，即使有才能的人也并不总是能够留在这个领域。

尽管一切都是通过合作努力来实现的，但个人贡献在工作团队级别上是已知的和被认可的。没有人可以把一切功劳归于自己，但同时每个人的工作又都不会被忽略。为了承认这一点，每篇科学论文都由合作组中的每位科学家署名，即 CMS 和 ATLAS 各约有 3000 人。

当然，通常只有十几个人进行了特定的物理分析，最后在某科学期刊上发表成一篇论文。但是，如果没有参与探测器的设计、建造、安装、校准和运行的所有人的贡献（更不用说事例模拟、软件开发和计算管理），将不可能写出并发表任何论文。名字出现在论文上的每个人都可以自豪地说，他或她在这个科学探险中发挥了作用。做出特别重要贡献的关键人物，会被推选在最具声望的国际会议上介绍全合作组的科学成果。

这些合作组能良好地运作，是因为所有的参与者都渴望看到他们的实验取得成功。这里没有强制或奖金。绝大多数参与者的主要动机是同行的认可，以及他们为这些旨在推动人类知识极限的独特项目的成功中，做出了贡献所体验到的巨大成就感。

本章要点

CERN 的每个大型实验合作组，例如 ATLAS 和 CMS，拥有来自五大洲的 3000 多名研究人员。没有人以命令和控制的方式管理这些合作组。相反，每个合作组成员都应该融入实验，并尽最大努力确保实验的成功。这项事业的开展基本上是由于存在着科学好奇心驱动的共同目标，也由于每个人的承诺和所有参与成员的宽容。它就像一个巨大的野餐，每个成员单位按照其口味、资源和才能贡献一盘菜。看到实验成功的愿望激励着每个人。所有的决策都是利用商定的协调机制，在合作组内以协商一致的方式做出的。这种模式赋权力于基层，并吸引所有成员的才能。项目协调员确保整个工作的各个方面都得到涵盖。这个过程有时候有点儿混乱，但为了让创造力自由发挥并为革命性的发现创造条件，这是必要的。最终，这可能是完成这种大型项目的唯一的方式。

第 9 章

物理研究中的多元化

创造性对科学研究的过程至关重要，它为各种发现铺平了道路。正如我们在前一章中所看到的，粒子物理学中的大型国际合作组，依赖于通过讨论和交流思想来确定从建造探测器到数据分析的最佳策略。创造性从多元化中汲取灵感，并从各种观点中脱颖而出。不同的方法越多，胜出的点子就越好。

然而，任何访问像 CERN 这样的国际研究实验室的人都会注意到，在那儿工作的科学家中，男性占绝大多数，以高加索人种占优势，尽管这些科学家来自101 个不同的国家和地区。在 CERN，男性占所有科研职位的 82%，而高加索血统的人数也是如此。CERN 最初是一个欧洲实验室的事实只能部分解释这种情况。

传统上，物理、数学和工程界相当保守。在过去的几十年中，出现了许多加强其多元化的举措，其目的主要是吸引更多的女性，并且（尽管在较小程度上）也吸引了不同种族和族裔群体的人。这些举措正在取得成果，正如我们将要看到的，粒子物理学研究中少数群体的比例和可见度正在增加，这是非常令人鼓舞的。

但这场战斗远未结束，不仅对女性而且对残疾人，对不同于主流的种族或族裔群体和宗教群体，以及对 LGBT+（女同性恋、男同性恋、双性恋、变性人等）社群的成员。如果在招聘时考虑到多元化就好了，更重要的是，努力帮助人们做心态上的调整，以营造一个让每个人都感到舒适的工作环境。如果想要留住少数群体成员，这一点至关重要（参见"如何在科学上吸引、雇用和留住少数群体"的文本框）。无论什么职场，每个人都喜欢在受欢迎的而不是受敌视的环境中工作。

与第 7 章一样，关于基础研究的效益，我将主要以 CERN 为例，因为其国际构成和规模提供了一个极好的概览，并有健全的统计数据。为了支持我的观点，我将从各种调查研究中提取材料，包括对来自 130 个不同国家和地区的15000 位物理学家进行的大规模调查。

欧洲核子中心的女物理学家

我们先来看看这方面的整体状况。如前几章所述，CERN 有两类工作人员。2014 年，CERN 雇用了 2513 人，其中 44% 是工程师和物理学家，主要从事应用研究。在这个类别中，女性占 12.2%[①]。

然而，涉及基础研究的大多数研究人员属于第二类员工。这些被称为**用户**的人员受聘于 67 个国家和地区的数百个研究所，并参与了 CERN 实验室的研究计划。在这组的 10416 人中，85% 是物理学家，9% 是工程师，其余由技术和行政人员组成。截至 2014 年 9 月 1 日，CERN 用户中的女性研究员的比例为17.5%。这可能看起来并不多，但它已经比 10 年或 20 年前好多了，而且还在不断改进（图 9.1）。例如，在 2008 年，ATLAS 国际合作组中只有 15.6% 的物理学家是女性。这一比例在 2012 年 10 月达到了 19.6%，但两年后，仍然停在19.7%。不同的实验合作组之间的数字略有不同，从表 9.1 可以看出，不同的国家之间的数字差异大一些。

---

① 截至 2013 年 12 月 31 日的欧洲核子中心官方统计数据。

>> 图 9.1：来自 LHCb 国际合作组的物理学家于 2010 年 3 月 8 日国际妇女节正在操作实验。数百名女性物理学家在当天略显可见地标记了这个日期，以显示在女性参与粒子物理研究方面已经取得了多大改进。那天，从 7 点到 23 点，只有女性人员的团队在 LHC，以及 ALICE、ATLAS、CMS 和 LHCb 实验的各个控制室中值班。
资料来源：CERN。

表 9.1：在欧洲核子中心工作的女科学家的百分比

CERN 的研究人员国籍	女性的百分比	35 岁以下女性人员的百分比	35 岁以下人员的百分比	在 CERN 工作的总人数
土耳其	33%	40%	59%	159
挪威	29%	33%	41%	59
希腊	28%	32%	38%	152
罗马尼亚	26%	30%	36%	121
比利时	25%	25%	54%	109
西班牙	25%	31%	38%	323
瑞典	24%	36%	39%	71
意大利	23%	31%	29%	1666
印度	23%	26%	52%	214

CERN 的研究 人员国籍	女性的百分比	35 岁以下女性 人员的百分比	35 岁以下人员 的百分比	在 CERN 工作 的总人数
保加利亚	22%	44%	22%	74
中国	22%	23%	72%	302
葡萄牙	20%	22%	45%	104
巴西	20%	12%	54%	111
韩国	19%	23%	49%	115
芬兰	19%	21%	30%	79
墨西哥	19%	28%	58%	69
波兰	19%	16%	39%	247
法国	17%	25%	26%	731
斯洛伐克	17%	21%	51%	102
加拿大	16%	22%	48%	141
以色列	15%	29%	33%	52
美国	14%	18%	41%	973
德国	14%	19%	47%	1095
瑞士	14%	18%	31%	177
英国	12%	17%	46%	633
匈牙利	12%	22%	34%	67
俄罗斯	11%	18%	22%	951
奥地利	11%	15%	33%	81
荷兰	10%	28%	25%	144
乌克兰	10%	14%	58%	60
丹麦	9%	21%	36%	53
捷克	9%	10%	51%	216
日本	7%	8%	47%	253

注：根据 CERN 女科学家的百分比，这里按递减顺序列出了超过 50 名用户的 33 个国家。

资料来源：宝琳·加尼翁，根据 CERN 截至 2014 年 9 月 1 日的数据。

对结果的分析

让我们来看看 CERN 按国籍划分的女性比例情况。为了确保统计数据可靠和有意义，只有在 CERN 进行研究的同一国籍的人超过 50 人，该国家和地区才被列入表 9.1。在 CERN 工作的 101 个国家和地区的完整人员清单请见附录 A。这些国家和地区按递减顺序列出；也就是说，女性比例最高的国家和地区在最前面。

所有的 CERN 用户都根据其护照按国籍进行分类，无论其隶属关系（其受聘的单位或大学的国家）如何。例如，我被计入加拿大的统计数据，即使我在美国的研究所工作。土耳其是我们发现的女性物理学家比例最高的国家。百分比最高的是巴尔干（土耳其、希腊和保加利亚）、欧洲其他地区（挪威、罗马尼亚、比利时、西班牙、瑞典和意大利）和印度。另一方面，日本、奥地利、瑞士、德国、美国、加拿大和英国等国家低于平均水平。如何解释这些差异呢？原因是多种多样的，没有单一的解释，尽管工资水平似乎起一些作用。在工资较低的国家，物理学中的女性往往更多。这表明女性更容易被受聘从事较低薪的工作，而较高薪的职位则留给男性，因为男人仍然被视为需要"养家糊口"。但这只是众多因素中的一个。例如，俄罗斯和捷克的女性工作人员很少，尽管那里的工资较低，其他文化和历史元素也起一些作用。每个国家和地区都是独一无二的，必须单独分析。您可能会在附录 A 中给出的完整清单中注意到，一些国家和地区的女性比例超过土耳其 33% 的比例。然而，这些数值只涉及非常小的群体，因此从统计角度来看是没有意义的。

考察一下 35 岁以下人群中女性的比例（第三列数据），可以预测女性的代表性在未来 5 到 10 年内如何演变。这里列出的几乎所有国家和地区的年轻女性比例都较高，除了巴西和波兰以外，这两个国家最年轻的成员中女性的比例相对较少。如果总体趋势继续发展下去，CERN 用户中女性的比例应该从今天的 17.5% 上升到 5 年后的约 19%。虽然这值得肯定，但按照这个速度，平等不会很快实现。为了吸引更多年轻女性和其他少数群体的人进入科学事业，CERN 及参与其中的所有国家和地区必须继续促进多元化并加倍努力，它们也必须共同努力聘用和留住更多的少数群体。

图 9.2 中的图表显示了按年龄组划分的 CERN 用户分布情况，平均年龄目前为 41 岁。这相当于男性的平均年龄接近 42 岁，女性的平均年龄略高于 37

岁。越来越多的女性加入进来，尽管这一趋势是最近才出现的。加入的女性更年轻——两性的平均年龄差距就表明了这一点。

最年轻的群体人数略有减少。希望这只是一个小小的波动，而不是未来几年仍将存在的趋势。这种减少应该提醒人们，战斗远未结束。我们可以采取若干措施破除旧有成见，并继续吸引更多年轻女性和少数群体的人进入科学领域。"如何在科学上吸引、聘用和留住少数群体"文本框给出了一些建议。

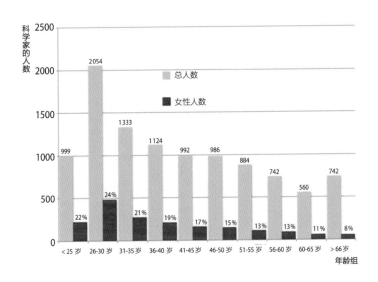

>> 图 9.2：按年龄组划分的 CERN 用户分布情况。颜色较浅的竖条表示所有性别的用户数，而颜色较深的竖条表示每个年龄组的女性百分比。
资料来源：CERN。

为什么科学界的女性如此之少？

科学界女性人数如此之少的原因有很多，但一个主要问题源于成见和后天的风气。从来没有人能够证明男孩在科学中的优越性，或者存在着性别差异让人相信这样一种优越性是恰当的，实际上恰恰相反，在高中阶段，某些研究表明女孩在科学和数学方面的成功率略高于男孩。

根据巴黎巴斯德（Pasteur）研究所的神经生物学家凯瑟琳·维达尔

（Catherine Vidal）的说法，在能力方面，两性之间的生物起源没有显著差异。这一观察来自于通过影像学研究分析大脑的活动。维达尔还强调，出生时只有10%的突触（大脑神经元之间的连接）存在。剩下的数千亿突触是通过学习自己建立起来的。因此，她使用术语"智力可塑性"来描述"在环境影响下塑造大脑，无论是内部（摄入的食物、荷尔蒙）还是外部（家庭和社会交往）"。因此，一切都几乎是教育、文化和社会压力的结果。

这正是南希第二大学教育科学讲师安妮特·雅雷加（Annette Jarlégan）所研究的，她演示了在没有人注意的情况下巧妙地发生的这一切。例如，教学用具（如某些儿童的书籍）鼓励男孩积极参加公共活动，而往往向女孩建议担当更多仅限于私人领域（家庭）的被动角色。她引用了一些研究表明，教师更注重男孩而不是女孩，他们对男孩的期望也更高，这两个群体没有得到同样的鼓励。如果一份作业带有男孩或女孩的名字，那么不同性别的教师对同样的作业的评分也不同。对科学科目的作业来说，这一点更为明显。所有这些微小的差异构成了她所称的隐藏的课程，"学校里的孩子在没有意识到的情况下获得的一系列价值观，技能和知识，没有在官方课程中注册，教师甚至父母都没有意识到它"。

"无论是工人阶级还是上层社会，对男孩和女孩的成见是相同的。"雅雷加说。"女孩们被说成是因为坚持不懈、勇敢，她们的努力才导致成功。这正是对来自下层阶级的孩子所说的话。"在他们的内心深处，男孩们知道世界属于他们。因此他们可以在小学期间开心玩耍，在高中和大学里尽情胡闹，因为毕业后最好部门的工作都在等着他们。而女孩们则主要靠自己，将成批地自我排斥于这些领域之外。

如果在考试之前提醒女孩，女性一般在数学方面不太成功，女孩们则会在数学考试中得分较低。这就是研究人员史蒂文·斯宾塞（Steven Spencer）、克劳德·斯蒂尔（Claude Steele）和黛安·奎因（Diane Quinn）发现并称之为"成见威胁"的理论。反之，如果在考试之前告诉女孩们，不同性别在成绩上没有已知的差异，那么女孩在相同的考试中会表现得更好。所有男孩（无论他们出身是哪个族裔）包括所有高加索人的孩子，如果在考试前强调其出身，则在考试中的表现更好。这种效应被称为"成见提升"。这表明，社会环境因素会影响女孩和其他少数族裔在科学方面的表现。

因此，当每件事都"排斥"女孩时，选择科学事业对女孩们来说就不是一件容易的事。这声音可以来自她们的家人、学校或媒体。教科书和媒体几乎完全把科学家说成是男的，而男性科学家们的形象强化了这种认知，因此，应该展示更多女性物理学家在工作中的重要性（见图9.3）。没人会怀疑一个男人在物理、工程或数学领域中工作；然而，许多女性会被问及为什么选择在这些领域工作。这些谈论强调了以下的暗示：她们原本不属于那里。毫不奇怪，只有最好和最坚定的人才会坚持下来。如果没人支持，一些年轻女性将丧失勇气，选择不需要经常逆流而上的行业。

>> 图 9.3：2010 年 3 月 8 日操作 CMS 实验的女物理学家团队。
资料来源：CERN。

招聘阶段的歧视

法国的歧视观察站和世界上其他团队开展了一些调查研究，揭示出在招聘阶段存在着多种形式的歧视。除了其他方面，歧视可以基于性别、年龄、外表、是否残疾、种族或出身，雇主通常更愿意雇用看起来像他们的人。此外，性别成见继续影响着雇主们，无论他们是男雇主还是女雇主。

在美国耶鲁大学进行的一项调查显示，女性们也像男性那样持有性别歧视的成见。同样的虚构简历发给了 127 名物理学教授。要求每位教授评估简历并决定他或她是否愿意聘请申请人做实验室助理。简历上的申请人一半是男人的名字"约翰"，另一半是女人的名字"珍妮弗"。除了名字，简历的内容完全相同。然而，男性和女性教授对约翰的评价都更为积极。这些潜在的雇主们认为约翰更胜任。他们甚至给了他更高的薪水，平均每年多 4000 美元。这类研究表明，受聘申请应该匿名，即在简历上没有候选人的姓名，以避免这种歧视。这也有利于那些名字不符合标准的人。

如何在科学上吸引、雇用和留住少数群体

这里要讲的，大体上是一系列建议，最初由一群在 CERN 的年轻女性制定，并在 2013 年 3 月举行的联合国组织经济和社会论坛（ECOSOC）的一个会议上提出。我已将它们改编，以适用于所有的少数群体。其中一些建议也有助于改善科学研究的工作环境，从而有益于所有人。

为了吸引更多的少数群体成员进入科学领域，我们可以：

·**在各个层面上破除旧有成见。**我们应该改善教科书中对少数群体的描述，包括对问题的措辞；在提及科学家时，使用性别中立和多元文化的语言；通过为媒体提供更多样化的联系，提高在一般文化中来自少数群体的科学家的知名度。

·**帮助年轻人建立起坚实的"物理身份"。**那些不擅长数学或科学的学生不会从事这方面的职业。同行、老师和家人的鼓励，有助于年轻人相信自己的能力。课堂活动（例如关于尖端物理课题的讨论等），鼓励年轻人提出问题和同行教学，所有这些都有助于建立一个坚实的"物理身份"。讨论科学研究中女性和少数群体的人员比例较少的原因，也帮助少数群体中的年轻人看到问题与他们自身无关，而是社会根源在起作用。

·**为少数群体中的年轻人提供榜样和导师。**我们应该为 LGBT+ 群体、女性和有不同种族和信仰的人提供机会，与年轻人谈论他们的职业生涯。这应该在所有阶段实施。应该举办招聘会，以加强年轻人的自尊感，并提供一种平台，让他们可以与面临类似挑战的其他年轻人进行讨论。

为了在物理学领域，甚至整个科学领域招聘更多的少数群体人员，我们

可以：

·**实施匿名的工作申请流程**。在申请工作的过程中应遮盖申请人的性别、种族和婚姻状况的信息，以避免性别偏见，因为调查研究发现，男性和女性的雇主都歧视女性。一旦求职者必须在幕后表演，五大管弦乐队的女性音乐家的人数就增加了两倍。

·**实施公平的育儿假**。男女都应享有育儿假，并应大力鼓励男性请育儿假。如果父母双方都必须更平等地分摊负担，那么年轻的育龄女性在受聘时就不太可能遭到拒绝。这对于在科学领域留住更多的年轻女性来说也是至关重要的，这些规则也适用于 LGBT+ 的配偶。

·**在招聘流程中添加配偶考虑因素**。科研机构应该认识到双职工情况的存在并选择面对它，因为有一半拥有物理学博士学位的女性的配偶具有相似的教育水平（相对于只有 20% 的男博士有类似的情况）。科研机构应在开始招聘前采取行动，为配偶们提供帮助。这将有助于年轻女性找到自己的职位而不会使她们的夫妻关系处于紧张状态，这同样适用于 LGBT+ 的配偶。

为了让更多的少数群体成员留在科研领域，我们可以：

·**为开启职业生涯的年轻人提供指导**。导师应该与年轻人的老板或上级不同，以避免任何利益冲突，并有适当的科研机构支持。例如，导师可以确保年轻人正常进步，获得足够的资金和支持，并且他们可以出席会议，并在各种大会上发表演讲。导师应该能够就年轻人的学术和专业问题提供建议。这些导师应该支持每个人，特别是少数群体的成员。

·**在大型科学会议上就性别问题进行广泛讨论**。例如，男性往往不了解女性在科学领域面临的情况，缺乏讨论这种情况的机会，尽管他们往往愿意这样做。多数群体成员经常无意识地歧视少数群体，教育会有所帮助。每个多数群体都将从了解其他群体的困难和特点中受益。

·**为少数群体成员举办科学会议**。在会议中，年轻人可以看到他们的群体成员的贡献是多么宝贵，他们可以在那里找到正向的鼓励，与同行交谈并获得支持。这也将为年轻女性面临的问题提供讨论的场所，以及分享经验和相互支持的机会。女性团体、LGBT+ 和黑人物理学家协会等，应该得到推动和支持。

女性受到平等待遇吗?

女性的多少,即女性所占的百分比,并不是唯一可以用来估计女物理学家是否受到平等待遇的指标。美国物理联合会在 2012 年进行了一项大型调查,涉及来自 130 个国家和地区的 15000 名物理学家,调查的目标是比较男女的工作经历。这个庞大的统计样本具有无个人偏见而提供整体概貌的巨大优势。在表 9.2 中,我汇总了这项调查的很大一部分信息,结果不言而喻。

第一列给出了所提问题的类别。参与者分为两组,即来自发展中国家和发达国家的科学家。对于每个组,该表显示了男女科学家分别对几个问题回答"是"的百分比。我在将这些答案重新归为一些大类以后,展示了它们的平均数。

表 9.2: 美国物理联合会进行的大量调查结果汇编,涉及来自 130 个国家和地区的 15000 名物理学家

回答为"是"的百分比	发展中国家		发达国家	
	女	男	女	男
获得专业活动的机会	50%	62%	50%	58%
充足的资源	40%	51%	48%	58%
职业受到子女影响	58%	50%	53%	41%
承担家务	39%	17%	44%	24%
父母面临较少的挑战	27%	9%	21%	4%

资料来源:宝琳·加尼翁,根据美国物理联合会的数据。

第一类问题询问该调查参与者是否有机会参加各种专业活动,如出席会议,在会上发言或受邀发表演讲,在国外进行研究,在同行评审期刊的编辑委员会或其他重要委员会里任职,以及指导学生或他们的论文工作。换句话说,参与者被问及他们是否参加了能让研究人员在其职业生涯中取得进步的活动。平均而言,无论参与者来自发展中国家还是发达国家,50% 的女性物理学家对这些问题回答"是",而男性物理学家的数据大约是 60%。

　　女性还报告说，与她们的男同事相比，她们在拥有足够的资源方面处于不利地位。这包括是否拥有足够的办公室和实验室空间、设备、研究经费、参加会议的差旅费，以及技术和行政支持。女人比男人更多地表示她们的职业生涯在孩子出生后受到影响。事实上，这项调查表明有子女对男性是有利的，而有子女的女性则处于不利地位。这支持了男人仍然经常被视为"养家糊口"的人的观点。女人也还是承担了更多的家务劳动，在成为母亲后，他们在职业层面上面临的挑战减少了。在所有这些方面，该表格显示在对待男女两性方面，存在着统计学上的显著差异，即女性没有得到平等待遇。

>>　图 9.4：法比奥拉·吉亚诺蒂，ATLAS 国际合作组前发言人 2012 年 7 月 4 日正在展示发现希格斯玻色子的结果。吉亚诺蒂博士于 2016 年 1 月成为 CERN 的总主任。
资料来源：CERN。

　　这种情况虽然发人深省，但正在向积极的方向发展。越来越多的女性在粒子物理实验中承担重任。例如，佩西斯·德雷尔（Persis Drell）于 2007 至 2012 年曾担任坐落在加利福尼亚州的实验室（斯坦福直线加速器中心）的主任。法比奥拉·吉亚诺蒂（图 9.4），ATLAS 国际合作组 2009 至 2013 年的发言人，领导过三千人，2016 年 1 月成为 CERN 总主任 [1]。她是第一位女性也是担任此职位的最年轻的人。此外，金杨祺（Young-Kee Kim）曾于 2006 到 2013 年担任位于芝加哥附近的费米实验室的副主任。但更引人注目的是，越来越多的女性在所有的粒子物理合作组中扮演的重要角色，参与这些实验的日常运行，并在各个层次上做出贡献。

LGBT+ 群体

统计学上的研究和其他类型的调查，可以帮助识别存在的问题，并找到解决方案。不幸的是，无论是在 CERN，还是一般来说，没有关于物理界中其他代表性不足的群体的信息。这些群体包括残疾人、不同种族或宗教信仰的人，以及 LGBT+ 群体的成员。对于上述最后一个群体，CERN 自 2010 年以来有了一个充满活力和生气的 LGBT+ 人士组成的社团（图 9.5 和图 9.6），虽然最初在获得认可方面遇到了一些阻力。

然而，物理学家群体一般来说是无偏见的，即使在这个问题上有时不那么开通：例如，CERN 的 LGBT+ 群体的海报或公告经常被摘除或被涂抹。这种个别人的狭隘态度旨在孤立这个群体，而不让它扩展。CERN 的几个员工都不敢透露自己的性取向，因为害怕可能被孤立，或在工作环境中人们改变对自己的看法。尽管如此，约有 60 人参加了 CERN 的 LGBT+ 群体的活动。

参加各种实验的科学家在国际会议上分享他们的成果。这些会议对于同步最新的科研进展和拓广人际网络并为人所知，非常关键。因此，特别重要的一点是，这些会议应在 LGBT+ 人士的人身安全不会受到威胁的国家举行。

---

① 2019 年 11 月，法比奥拉·吉亚诺蒂再次被任命为 CERN 的下一任总主任，任期从 2021 年 1 月开始。这是 CERN 自 1954 年成立以来 60 多年的历史中，第一次连续任命一位总主任负责两个完整的 5 年任期。——译者注

>> 图 9.5：欧洲核子中心 LGBT+ 群体的一些成员，为制作一个系列视频片《会变得更好》聚集在一起，该系列视频片针对性取向方面的少数群体里的年轻人。本书作者站在第一排的正中位置。资料来源：尤里·加夫里科夫（Yury Gavrikov）。

图 9.6：CERN LGBT+ 群体的一些成员和朋友访问 ATLAS 的地下实验大厅。
资料来源：尤里·加夫里科夫。

LGBT+ 的科学家们面临着与其工作相关的特定的困难。例如，各国的研究单位派遣工作人员到 CERN 工作，通常一次工作数年。我们需要确保 LGBT+ 的工作人员的伴侣可以获得他们逗留期间的签证。否则，从感情、人身和财务角度来看，所需的牺牲将会是巨大的，这种情况对受牵连的个人的业绩会产生负面影响。大多数研究单位和 CERN 也为夫妻和家庭支付津贴，这些津贴也必须提供给所有的情侣，而不是只预留给已婚夫妇，因为只有少数国家给予同性伴侣这种权益。尽管 CERN 的两个东道国，即法国和瑞士，承认同性伴侣之间的结合，而对其他国家的外国人，情况仍然很复杂，但最大的问题仍然是同性恋恐惧症。如果 LGBT+ 的人士认为他们的同事只是因为提及他们的同性伴侣而感到不自在，或者他们担心招聘时可能受到歧视，那么他们将很难融入他们的工作团队。最后一点尤为重要，因为 CERN 的大多数研究人员签订的都是短期合同。幸运的是，人们的心态正在转变，就像在其他地方一样。对抗同性恋恐惧症最有效的武器之一是拒绝躲在"衣柜里"，而是作为一个 LGBT+ 人士光明正大地生活。当拥有良好专业声誉的 LGBT+ 人士拒绝回避时，可以极大地支持同一群体的年轻人。如果没人隐藏，就意味着没有什么可隐藏的。由于同性恋恐惧症通常源于对未知事物的害怕，因此公开表明自己是 LGBT+ 人士可以帮助消除这种恐惧。

CERN 的种族多样性

图 9.7 和图 9.8 中的饼图概述了 CERN 的种族多样性。我根据他们的国籍将所有 CERN 的用户分为五大洲对应的五大类。截至 2014 年 9 月 1 日，72% 的用户来自欧洲。还有亚洲科学家（13%），多于北美的科学家（11%）。南美科学家占 2%，非洲科学家占很少的 0.7%（图 9.9）。每个图中白色的百分数表示每个地区的女性比例。

当然，CERN 最初是作为欧洲实验室建立的，到目前为止，其成员国基本上仍然是欧洲国家（以色列除外），因此欧洲科学家的统治地位很强。然而，近年来，CERN 已经开始承担起粒子物理领域的国际引领的作用。这两幅图说明了 CERN 对其他国家的开放程度，以及为培养更多的来自其他大洲的人所做的努力正在开始显现出积极的影响。

通过其暑期学生项目，CERN 还为所有国籍的年轻人提供机会参与 CERN 的研究项目，同时还参加一系列专业讲座。但是，提供给非成员国学生的名额数目非常有限。此外，这些学生缺乏一些方面的榜样。例如，在 2010 年至 2013 年期间，只有 14% 的讲师是女性，而 33% 的暑期学生项目参与者是女性。其他少数群体在讲师中的人数也很少。

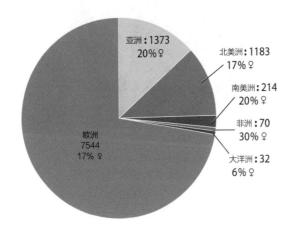

>> 图 9.7：按国籍划分的 CERN 用户分布情况，以及每个地区的女性比例。
资料来源：宝琳·加尼翁，CERN。

图 9.8 说明了未来几年的趋势，这是基于目前 35 岁以下的 CERN 用户的数据。该图表显示了科学家的组成将如何变化，未来几年欧洲人用户将减少，而亚洲来的用户将增加。非洲人的比例也会略有增加，因为年轻人占了这个群体的一半。

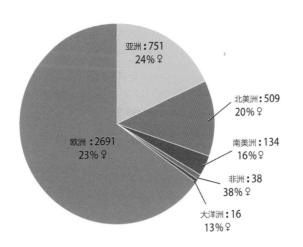

>> 图 9.8：对应于图 9.7 的 35 岁以下 CERN 用户的分布情况。
资料来源：宝琳·加尼翁，CERN。

>> 图 9.9：ATLAS 物理学家凯特维·阿萨马根（Ketevi Assamagan）（右三）是非洲基础物理学校（ASP）的创始人之一，为了帮助改善非洲高等教育的质量和增加非洲学生接受高等教育的人数。图中是 2014 年在塞内加尔的达喀尔举行的第三期学校里 56 名学员中的一部分。资料来源：非洲基础物理学校，2014 年。

女性和诺贝尔物理学奖

在科学领域，历史对女性并不友善，诺贝尔奖的颁发也不例外。居里夫人和玛丽亚·格佩特-梅耶（Maria Goeppert-Mayer），是至今仅有的获得过诺贝尔物理学奖的女性[①]。居里夫人也是唯一一个获得两项不同科学类别诺贝尔奖的人，即物理和化学。不幸的是，有几个女性被不公平地忽略了，还有一些案例更值得商榷。下面是一些例子。

莉泽·迈特纳（Lise Meitner）的故事可能是最引人注目的不公正案例之一。她于 1878 年出生在奥地利的一个犹太家庭，她于 1906 年从维也纳大学获得了物理学博士学位。因为那时，女性不允许持有奥地利学术职位，她在 1907 年前往柏林，并开始与化学家奥托·哈恩（Otto Hahn）合作，历时超过

[①] 55 年之后，2018 年终于等来了历史上第三位荣获诺贝尔物理学奖的女性：加拿大物理学家唐娜·斯特里克兰（Donna Strickland）因为找到了生成高强度超短光脉冲的办法而分享了 2018 年诺贝尔物理学奖。——译者注

30 年。她在 1917 年被任命为一个物理实验室的负责人，直到 1938 年 7 月。那时因为她是犹太人，为了逃离纳粹统治而被迫流亡到瑞典。

尽管如此，她还是秘密地与奥托·哈恩于 1938 年 11 月会面，讨论了如何继续他们的实验，那时哈恩与另一位合作者已经成功地完成了实验。不久之后，两人公布了他们的结果。纳粹政权禁止犹太人把他们的名字写在科学论文上，所以迈特纳的名字没能出现在这篇文章上。因此，诺贝尔委员会于 1944 年决定因发现核裂变将诺贝尔化学奖授予奥托·哈恩一个人。不久之后，几位科学家意识到了这一发现的军事潜力。迈特纳当时受邀参加在美国洛斯阿拉莫斯的研制原子弹的曼哈顿工程的工作，她拒绝了，说她不想和炸弹有任何关系。然而，今天的科学界承认她的贡献。欧洲物理学会核物理分会设立的最高荣誉就是莉泽·迈特纳奖。

更近一些，诺贝尔委员会也忽视了约瑟琳·贝尔－伯奈尔（Jocelyn Bell-Burnell）。她 1943 年出生于北爱尔兰，1969 年获得了英国剑桥大学天文学博士学位。她参加了一个为研究类星体的射电望远镜的建造工作，类星体是非常活跃的天体，会发出无线电波和可见光。她在数据中注意到一些微弱的脉冲无线电信号，并决定详细调查这个脉冲的起源，尽管她的导师，安东尼·休伊什（Antony Hewish）对此缺乏兴趣。他认为她在浪费时间，相信那信号来自某种干扰或人为因素。她的坚持不懈让她发现了脉冲星的存在，这些中子星发出了脉冲信号。然而，休伊什和他们团队的另一名成员，马丁·赖尔（Martin Ryle），于 1974 年因为该发现获得了诺贝尔物理学奖，引起了天文学界的愤怒。她当时是学生的事实可能起了作用。如果是这样的话，诺贝尔委员会的态度一定是从那以后发生了演变：2010 年，康斯坦丁·诺沃肖洛夫（Konstantin Novoselov）和他的导师安德烈·海姆（André Geim），因为他们对石墨烯的发现共同获得了诺贝尔物理学奖。

阿尔伯特·爱因斯坦的第一任妻子米列娃·马利奇·爱因斯坦的情况，由于证据是间接的，所以更具有争议。20 世纪 60 年代出版的第一部米列娃和阿尔伯特的传记，引起了人们对此事的疑虑。这些书是基于从他们的亲密朋友和家人收集到的许多见证人的叙述，因为当时阿尔伯特·爱因斯坦或米列娃·马利奇手头几乎没有书面文件可供使用。但是，随后，他们的儿子汉斯·阿尔伯特发现了一个属于他母亲的盒子，里面装有父母的部分通信。这些信件于 1987 年公开，揭示了许多原件，表明两人之间存在过科学合作。最近，在 2006 年，包含爱因斯坦的私人文件在 1921 至 1955 年期间保存在耶路撒冷的希伯来大学的档案，终于向研究人员开放了。所有这些文件的证据汇聚起来表明，这对夫妇在几个课题上共同钻研过，包括相对论和光电效应。第二项工作让爱因斯坦在 1921 年获得诺贝尔物理学奖。他们 1919 年签署的离婚协议约定，如果那个诺贝尔奖最终授予他，阿尔伯特应把该奖的全部金额交给米列娃。他得到了荣耀，她拿到了钱。

鉴于围绕米列娃·马利奇·爱因斯坦对她丈夫的工作所做的科学贡献存有争议，我建议你阅读这本书最后的附录 B。我在那里收集了主要事实和一些观点，以便你形成自己的观点。

吴健雄的案例也是有争议的。她于 1912 年出生于中国的江苏省苏州市，最初在南京（国立中央大学）学习，并于 1940 年获得美国加州大学伯克利分校的博士学位。1956 年 10 月，两位中国理论物理学家（在哥伦比亚大学工作的李政道和在普林斯顿高等研究院工作的杨振宁）提出，在弱相互作用力下宇称不守恒。这意味着作为基本粒子的根本特性之一的宇称，不同于自旋或电荷，当粒子通过弱相互作用力衰变时它并不守恒。到那时为止，宇称一直被假定为总是守恒的。李和杨咨询了弱相互作用衰变方面的专家吴健雄，看看这种宇称不守恒是否可以被检验。她提出了一个实验方案，并从美国国家标准局的一些合作者那里得到了帮助。他们在 1956 年 12 月下旬成功地做了验证，1957 年 1 月 15 日发表了他们的结果，同时还有另一支来自哥伦比亚大学的成功团队公布了结果。第三个团队在两天后公布了一个单独的证据。

李政道和杨振宁因其理论工作获得了 1957 年度诺贝尔物理学奖。所有的实验人员，包括率先提出实验方案的吴女士，都被排除在外。鉴于诺贝尔奖只能授予在每年年初之前完成的工作，所以所有的实验物理学家都丧失了资格，尽管诺贝尔委员会可以选择给他们授予 1958 年度的奖。即使如果同年授奖，委员会还得决定哪个实验物理学家应该和李和杨一起获奖，因为最多只有三个人可以分享一个奖项。然而，1978 年，当吴健雄被授予沃尔夫奖时，她获得了迟来的认可，该奖是物理学界除了诺贝尔奖之外最负盛名的奖项。她还于 1975 年当选为美国物理学会的第一位女性理事长。

从那时起，人们的心态、社会都已发生了变化。我们希望这种不公正不会再发生。

本章要点

在粒子物理学中，虽然情况正朝积极方向发展，我们离真正的多元化或男女之间的真正平等的理想状况还很远。如果保持目前的态势，到 2798 年，各个层次应该达到更好的平衡；不过，有很多变更可以很容易地实施用以帮助改善这种情况，从而在科学研究中吸引和留住更多元化的人才。由于多元化意味着更多的创造性，科学总可以从吸收更多的来自目前代表性不足的群体中获益。由于其处于引领科学的地位，CERN 既有能力也有道义上的责任在各个层面上为社会树立榜样。

第 10 章

下一个重大发现
将会是什么

我既不是一个算命先生，也没有远期预言的天赋。但是，像大多数粒子物理学家一样，我期待在未来 10 年或 20 年内将会有快速的，甚至是革命性的发展。历史表明，每当加速器的能量范围扩展时，它总会带来惊人的进展。

在目前的情况下，LHC 的第一阶段数据获取（第一轮运行）非常成功，发现了希格斯玻色子，尽管加速器的运行能量（8 TeV）低于最初的计划。随着 2015 年以更高的能量（13 TeV）重新开始运行并具有更高的束流强度，一切都有希望。那么，未来几年最令人期待的发现是什么呢？

在 2015 年 12 月的年终研讨会上，CMS 和 ATLAS 两大国际合作组都报告发现了一些事例，可能会揭示一个新玻色子的存在，其质量大约为 750 GeV，即 6 倍于希格斯玻色子的质量。由于 LHC 以更高能量重新启动所固有的困难，2015 年 13 TeV 采集的数据量比 ATLAS 和 CMS 在 2012 年 8 TeV 时累计的数据量小 5 到 7 倍。因此，实验物理学家们在展示这些结果时格外小心谨慎：小的数据样本总是容易出现统计涨落。但是几十年来一直渴望获得新物理学迹象的理论物理学家们却一拥而上。在一个月内，包括年末假期，发表了 170 篇理论论文，截至 2016 年 8 月中旬，已经发表的论文数已达 554 篇，为这个尚未发现的新粒子提出尽可能多的不同解释。2016 年夏季，当有更多的数据可用时，这个可能的新粒子的信号消失了，表明它只是一个统计上的涨落。

　　所有这些都清楚地说明，物理学家们多么希望在未来的几年里有一个巨大的发现。这可能很容易就像希格斯玻色子那样，于 2012 年 7 月正式被发现，但已经在一年前就给出了一些微弱的迹象。在 2016 年年初，还没有足够的数据可以回答质量为 750 GeV 的可能新粒子的问题。由于数据不足，就像我们试图在大雾天往远处看，猜测是否有火车开来一样。只有时间才能告诉我们在地平线上几乎看不见的模糊形状是期待已久的火车还是幻觉，有关新发展的更新将发布在我的网站上。

未来 20 年 LHC 的战略

　　在第一个运行期间（第一轮运行），CMS 和 ATLAS 实验在对撞能量为 7 和 8 TeV 时收集了 25 个倒数飞靶 femtobarns（fb^{-1}）数据，其中"倒数飞靶（fb^{-1}）"是用于测量数据量的单位，它相当于约 2500 万亿个事例。在第一次长期技术性停机后，LHC 在 2015 年春季以更高的能量重新启动，进行第二段数据采集（第二轮运行）。截至 2015 年 12 月，ATLAS 和 CMS 仅收集了 13 TeV 的几个 fb^{-1} 的数据。第二轮运行将持续到 2018 年年底，并且应该带来比第一轮运行多 4 倍的数据，即 100 fb^{-1}①。

　　于是，拟采用的策略包括在未来 20 年内交替的运行和维护期。预计数据样本在 2021 至 2023 年的第三轮运行期间将增加 3 倍，达到 300 fb^{-1}，最终在 2037 年左右的第四轮运行结束时达到 3000 fb^{-1}。那时将有足够的数据满足参加不同物理分析题目的每个人的口味。

　　为什么不连续地运行加速器并尽量增加所能收集的事例数呢？相反地，我们的想法是将加速器全力运行大约连续三年，然后停止运行大约两年，以便增强加速器的功能，并实施所有的不可避免的维修工作。这样，粒子物理实验也可以利用这个间隙来更换或修复任何损坏的子探测器，并在需要时安装改进了的子探测器。

　　每个间休期也为实验物理学家们提供了一个机会，让他们可以完成对前一个数据采集期间收集的所有数据的分析，并为下一阶段做好准备。例如，在每

① 截止到 2018 年年底第二轮运行时，ATLAS 和 CMS 每个实验已经收集了约 140 fb^{-1} 的数据。——译者注

>> 图 10.1：在 2013-2014 年 LHC 的首次长期技术性暂停期间参与整合加固
LHC 的技术团队的部分成员。这张照片是在加速器的第 1695 部分①完成后拍摄的。
这项重大工作计划使 LHC 在 2015 年达到 13 TeV 的对撞能量，即高出 2012 年达
到的 8 TeV 运行能量的 1.5 倍还多。
资料来源：CERN。

次新运行之前，必须产生与新运行条件相对应的海量的模拟事例。这些事例对
于确定各种分析的选择标准至关重要。

　　2013 年到 2014 年首次技术性暂停是必须的，不仅需要在运行三年后进行
大量维修，还需要进行大规模的整合计划（图 10.2）。这使得 LHC 能够达到其
额定的能量和亮度，即最初计划的束流强度。亮度是用来衡量每平方厘米截面
和每秒束流中的质子数。束流越密集，产生碰撞的概率越大。

　　从 2010 年到 2012 年，LHC 运行在其额定亮度的约为 75% 的水平，和
较低的对撞能量，即 8 TeV，而不是预期的 14 TeV。这种功能缩减是必要的，
用以避免另一次类似 2008 年在 LHC 刚启动 10 天后发生的事故，那次事故对
加速器造成相当大的损毁并且迫使加速器停止运行超过一年。因此，第一次长

———————————

① 是整合项目的最后一部分，如图中的标语所示。——译者注

时间技术性暂停主要用于改善超导磁铁之间的相互连接（2008 年事故的原因），并允许对撞机在 2015 年能在 13 TeV 的能量上运行。未来十几年，还计划进行另外两次长时间的技术性停机，以便提高加速器的功能并产生更多数据。

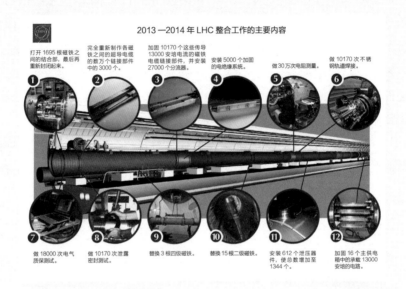

2013 —2014 年 LHC 整合工作的主要内容

① 打开 1695 根磁铁之间的结合部，最后再重新封闭起来。

② 完全重新制作各磁铁之间的超导电缆的数万个链接部件中的 3000 个。

③ 加固 10170 个这些传导 13000 安培电流的磁铁电缆链接部件，并安装 27000 个分流器。

④ 安装 5000 个加固的电绝缘系统。

⑤ 做 30 万次电阻测量。

⑥ 做 10170 次不锈钢轨道焊接。

⑦ 做 18000 次电气质保测试。

⑧ 做 10170 次泄露密封测试。

⑨ 替换 3 根四级磁铁。

⑩ 替换 15 根二级磁铁。

⑪ 安装 612 个泄压器件，使总数增加至 1344 个。

⑫ 加固 16 个主供电箱中的承载 13000 安培的电路。

图 10.2：2013 —2014 年 LHC 整合工作的详情。
资料来源：CERN。

预言 1：发现或排除超对称性

最令人期待的发现之一可能是超对称性。随着 LHC 重新启动，一个充满可能性的世界打开了，因为 LHC 现在可以产生更多的对撞，并且在更高的能量上对撞。越多的对撞意味着通过实验收集的数据越多，这增加了观察最稀有现象的机会，并且在更高能量上运行具有两个主要优点。首先，它增加了产生较重粒子的可能性，从而增加了发现新粒子的可能性。其次，在更高的能量下，我们将能够产生更大量的超对称粒子，当然，是在假设它们存在的前提下。因此，我们可以在两个方面获益，增加了数据量并扩展了能量的覆盖范围。

如果超对称理论确实是与"新物理学"相对应的理论，"新物理学"是指所有超出标准模型所描述的现象，那么我们将在 LHC 计划的第四个（也是最后一个）数据获取期（第四轮运行，参见"未来 20 年的 LHC 战略"文本框）结束时更好地了解该理论。这个最后阶段称为"高亮度 LHC"，应发生在 2027 年到 2037 年左右。正如我们在第 6 章中看到的那样，ATLAS 和 CMS 实验已经通过探索数十种不同的情节排除了超对称粒子的很多可能性。如果存在这些粒子并且它们不太重（它们在 LHC 的能量范围内），我们很快就会沉浸在发现第一个超对称粒子的巨大欢乐中。

如果没有任何新发现，我们至少会满意于已经查看了几乎我们所能探索的所有地方。图 10.3 和图 10.4 显示了两个图表，说明如果没有发现超对称粒子，什

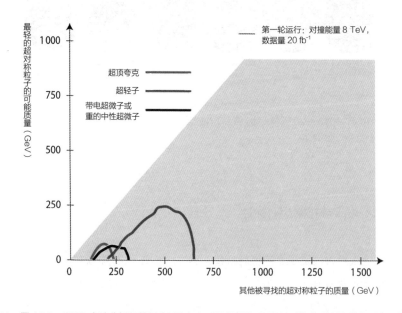

>> 图 10.3：CMS 实验分析了截至 2012 年在对撞能量为 8 TeV 时收集的所有数据后，已经被排除的最轻超对称粒子的质量值（三条不同曲线下的区域）。根据最轻的超对称粒子的性质，图中描绘了三种不同的情节，即它是一个超顶夸克，一个超轻子，还是一个带电或重的中性超微子。有关详细信息，请参见正文。
资料来源：奥利弗·布克鲁勒（Oliver Buchmüller）。

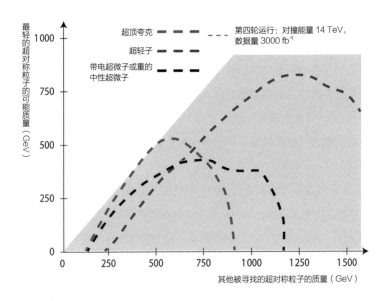

纵轴：最轻的超对称粒子的可能质量（GeV）

图例：
超顶夸克 ------
超轻子 ------
带电超微子或重的中性超微子 ------

第四轮运行：对撞能量 14 TeV，数据量 3000 fb⁻¹

横轴：其他被寻找的超对称粒子的质量（GeV）

>> 图 10.4：CMS 实验使用 2037 年左右在大型强子对撞机计划结束时在对撞能量为 13 或 14 TeV 时收集的所有数据，预测的可以排除的质量范围（三条不同曲线下区域）。根据最轻的超对称粒子的性质，图中描绘了三种不同的情节，即它是一个超顶夸克、一个超轻子，还是一个带电或重的中性超微子。有关详细信息，请参见正文。
资料来源：奥利弗·布克鲁勒。

么可以在未来 20 年里被排除。这些预言是 CMS 合作组为各种 SUSY 粒子建立的现有排除界限的扩展，并假设探测器的性能与现在一样好。这些推断也与由更详细的事例模拟获得的结果一致。ATLAS 实验应该独立获得类似结果以供相互核对。

每个图的纵轴给出了最轻的超对称粒子（通常是最轻的中性超微子）的可能质量，该粒子具有与暗物质相同的特征。横轴给出了另一个较重的超对称粒子的质量。

这里考虑三种情节：最轻的粒子来自**超顶夸克**（红色曲线）、**超轻子**（蓝色曲线）或**带电超微子**（黑色曲线）的衰变。每条曲线下方的区域表示，使用了所有当前可用的数据后，已经为这三种粒子排除的质量值。只有阴影区域中对角线以下的值是允许的，因为根据定义，最轻的 SUSY 粒子必须比其他粒子轻。绘制出这些图，是假设了所研究的粒子（**超顶夸克、超轻子、带电或中性超微子**）

213

总是衰变而产生最轻的 SUSY 粒子。图 10.3 显示了在 2012 年 12 月结束的第一个数据获取期间（第一轮运行）已经完成的结果。到 2015 年年底，在更高的对撞能量上仍然没有积累足够的数据来显著修改这张图。深红色曲线界定着当前搜索超顶夸克所排除的质量值的区域。例如，如果最轻的超对称粒子的质量低于 250 GeV，则找到质量至大约 600 GeV（希格斯玻色子质量的 5 倍）的超顶夸克的可能性已经被排除了。蓝色和黑色曲线显示了超轻子和带电超微子的排除区域。

图 10.4 中的虚线表示在大约 2037 年最后一个数据采集期（第四轮运行）结束时，哪些区域将被排除，那时我们预计会在几乎两倍于第一个数据采集期间的对撞能量上，累积大约 150 倍的数据量。如果到那时还没有发现 SUSY，那么在该图中所示的三种类型的超对称粒子的可能质量将在更广泛的区域里被排除掉。理论物理学家们将获得更多信息来约束他们的理论，帮助他们朝着正确的方向引导他们的探索。

预言 2：关于希格斯玻色子确切性质的更多信息

未来几年 CMS 和 ATLAS 实验的数据样本量的激增将为所有的测量带来更高的精度。研究希格斯玻色子的所有各种属性，并且非常详细地检查一切是否与理论预言完全一致，将会更加容易。但是，这些高精度的研究也可能揭示出与标准模型预言的微小偏差。例如，当前对希格斯玻色子的各种产生和衰变道的测量值带有 25% 至 30% 的实验不确定度。在 2037 年左右数据采集结束时，这些误差幅度将降至约 5%。我们将对这种玻色子有多得多的了解。

当 LHC 开始在更高的能量上运行时，产生较重的（例如超对称预言的那些）希格斯玻色子的概率将增加。到 2019 年，我们将有足够的数据来确定是否有更多类型的希格斯玻色子。那时，在一些 SUSY 模型中，可以排除质量高达 1000 GeV（或 1 TeV）的希格斯玻色子，即 8 倍于已经发现的希格斯玻色子的质量。这也将足以约束或排除那些模型，它们预言与超对称相关的希格斯玻色子的质量小于 1 TeV。换句话说，整个画面将变得更加清晰。

表 10.1 概述了未来几年大型强子对撞机的运行特性。它综述了直到大约 2037 年在计划的四个数据采集期间预期会取得的成果。倒数飞靶（fb^{-1}）是用于测量每个实验收集的数据量的单位。

表 10.1：目前和将来由大型强子对撞机产生并由每个实验收集的事例数量

	第一轮运行	第二轮运行	第三轮运行	第四轮运行
数据收集期的年份	2010—2013	2015—2018	2021—2023	2027—2037
收集的数据量（fb^{-1}）	25	100[①]	300	3000
对撞能量（TeV）	7—8	13	14	14
产生出来的希格斯玻色子的数量	66 万	600 万	1700 万	1.7 亿
收集到的希格斯玻色子的数量	2500	1.5 万	4.5 万	45 万

所有这些事例都非常有用，因为关于 2012 年发现的希格斯玻色子还有很多未解答的问题：它是复合粒子还是基本粒子？它是唯一的希格斯玻色子还是很多种希格斯玻色子中的一种？它是第一个被发现的超对称粒子吗？它是否在标准模型粒子和暗物质粒子之间建立了联系？它是物质和反物质之间差异的原因吗？在宇宙大爆炸之后它是否开启了宇宙的初始膨胀阶段？所有这些问题都需要希格斯玻色子的大量样本。那时我们才可能有机会回答其中的一些问题。

预言 3：标准模型中的第一个异常

现在已经找到了由标准模型预言的所有粒子。寻找新的玻色子或任何新的粒子将是发现超出标准模型的理论的最简单方法。另一种间接方式是测量标准模型预言的某个物理量的小偏差。这就是为什么三个 LHC 实验，即 CMS、

---

① 最终结果是 140。——译者注

ATLAS 和 LHCb（它是专门研究这个课题的实验），对涉及底夸克的极高精度测量感兴趣。物理学家对研究物质和反物质之间的差异尤其感兴趣。这可以通过研究底夸克和它们的对应物反底夸克如何衰变来实现。当实验室获得的所有结果表明物质和反物质应该在宇宙大爆炸之后被等量地产生出来时，物理学家们试图理解为什么反物质几乎从宇宙中完全消失了。寻找两者之间非常小的差异的一种最受欢迎的方法，是研究涉及底和反底夸克的最稀有的衰变。然后可以检测到最轻微的偏差。到目前为止，对于一些特定的测量，已经证明标准模型的一些预言精确到了小数点后第九位。这意味着实验必须检查数十亿事例才能获得这种精确度。

未来几年可用的海量数据将允许前所未有的精度测试，这迟早应该揭示标准模型中的一个错误。任何种类的异常发现都会引导理论物理学家朝着正确的方向前进，并帮助他们理解"新物理学"是什么。没有什么能比得上一个好的实验发现把理论研究重新推回到正确的轨道上。

预言 4：对暗物质的一些了解

寻找暗物质存在的直接证据无疑是未来 10 年预期会有重大发展的一个领域。仅这一发现就可能会彻底改变粒子物理学和宇宙学。经过仅仅 30 年的活动，研究人员已经设法把 WIMP（假想的暗物质粒子）和普通物质之间存在相互作用的可能性设定了比 30 年前建立的要小十万倍的界限。

目前，我们正在组织大型国际合作来寻找暗物质。这种合作使研究人员能够集中他们的科学资源，并且几种新的探测器也正在出现。目前，加拿大、美国和意大利正在建造新一代更庞大、功能更强的探测器。由于背景噪声水平的显著降低，这些第二代探测器将对更轻的 WIMP 敏感。特别是，在加拿大萨德伯里附近的科瑞顿（Vale Creighton）矿区地下的 SNOLAB 实验室正在快速增长至 1.6 千米。在那里，一个国际团队正在组装 SuperCDMS 探测器，它应该不久就会开始运行。该探测器将能够探测到超轻型的 WIMP，这是一个尚未开发的区域（图 10.5 的左上角）。

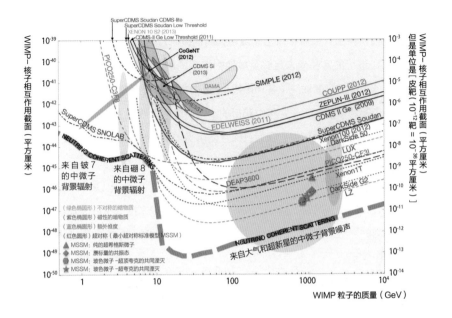

>> 图 10.5：未来十年对暗物质粒子可能被认知的情况预测。该图的整个区域表示暗物质粒子
与普通物质相互作用的概率的所有可能值，对应于由水平轴给出的暗物质粒子的质量。绿色实
线上方的浅绿色区域已被排除在外，各条虚线上方的所有区域都应该被当前正在运行或计划的直
接探索暗物质的实验所排除。如果大自然是如此无情，以至于暗物质极少地与其他物质相互作用
（图的下半部分）或暗物质粒子非常轻（图的左侧部分），那么用现有的实验技术就不可能发现暗
物质。宽橙色虚线限制了中微子背景噪声淹没暗物质信号的曲线以下的区域，其他虚线下方的区
域仍尚未开发。

资料来源：斯诺马斯社区夏季研究，2013 年。

　　该图是第 5 章中展示的那张已经足够复杂了的图的更详尽版本。很难想象
一张曲线更错综复杂的图了，但是，尽管如此，提取它的要点相对容易。纵轴
表示暗物质粒子与普通物质粒子之间相互作用的概率。这是以面积（cm^2）为
单位测量的，因为它表示由入射的暗物质粒子看到的目标（核子）的大小。目
标越大，击中目标的可能性就越大。横轴表示暗物质粒子的质量值（单位为
GeV）。

　　有三个明显的令人感兴趣的区域。首先，图的上部的绿色部分对应于所有那
些当前实验已经排除了的数值。其次，图表底部的黄色区域代表在那里所有那些

从中微子来的背景噪声占主导地位的数值，使用当前的实验技术不可能在该区域中寻找暗物质粒子。最后，白色区域包含当前技术没有被中微子背景噪声阻挡，但目前正在进行的实验尚未足够灵敏地去探索的所有那些值。在此版本的图表中，此区域中添加了新曲线（各种虚线）。其中每一条代表了一个实验上的界限，它们是各个实验希望在未来几年中获得的。然后这些曲线之上的所有数值将被排除。因此，在未来的十年中，我们将探索使用当前实验技术可以看到的所有地方中的很大一部分区域。

如果十年后，当前或计划的实验都没有找到暗物质粒子，因为中微子背景噪声的干扰，我们将需要新的方法。人们正在研究新途径来降低中微子背景噪声所施加的限制的影响。例如，可以通过考虑撞击探测器的粒子的方向来排除所有来自太阳的中微子。

好消息不一定来自地下。暗物质的证据，尽管是间接的，也可能在几年之内来自安装在国际空间站上的 AMS-02 实验。到那时，该实验团队很可能已经完成了对足够数据的积累和分析，去揭示在宇宙射线中发现的正电子的起源。这些正电子是来自传统的天体（如脉冲星），还是它们是暗物质粒子与普通物质相互作用的最初迹象（如第 5 章所述）？我们应该在几年内了解得更多，尽管一些理论物理学家怀疑 AMS-02 数据是否精确到足以给出决定性的结论。从长远来看，拥有超过 150 倍数据的 LHC 将继续寻找希格斯玻色子衰变中的暗物质粒子，以最轻的超对称粒子的形式出现的暗物质粒子，以及许多其他的可能性。

中长期的未来

在过去几年中，涉及粒子物理研究的国家采用的参与方式发生了根本性的变化。现在，每个人都意识到，没有哪个国家单独靠自己能够负担得起今天所需的复杂工具的建造，即探测器和加速器。因此，国际合作已成为常态，为了汇集这些特大项目所需的人力、技术和财政资源。CERN 在国际社会中发挥着更重要的作用，并继续邀请新的国家加入到它的行列中来。

粒子物理学已成为国际合作的象征。几个新的加速器项目已经在研发中（图

10.6），以便使 LHC 在 2037 年左右退役时有接替者。目前还没有挑出明确的选项，但所有国家都同意在国际合作中开展工作。

>> 图 10.6：直线紧凑型对撞机（CLIC）是目前正在 CERN 研发的一个作为可能接替 LHC 的后续项目。依靠一束低能量但高强度的主束流，CLIC 可以产生高能电子——正电子对撞。
资料来源：CERN。

　　那么，对所有这些探测器和加速器，我们所能期待的最非凡的发现是什么呢？是一个将揭示超出标准模型的"新物理"本质的新粒子？是确认一个理论假设，如超对称，或暗物质粒子的发现？还是一个完全意想不到的惊喜？所有这些都很棒。无论可能揭示什么，无论它是否被事先预测到了，目前新发现的机会都很大，正如过去每次加速器的能量增加以后都证明了的那样。由于我们即将开辟新的局面，这一即将来临的前景非常令人振奋，气氛十分热烈。这正激励着今天参与粒子物理学研究的成千上万名物理学家们。人类很快就能因为对这些知识了解得更多而感到欣慰。

本章要点

    LHC 仍处于早期发展阶段。在未来 20 年，它将产生足够多的数据，可能使粒子物理学取得巨大进展。不久可能会发现新的粒子或异常现象，从而最终揭示超出标准模型的"新物理学"的本质。如果存在超对称粒子，我们将完全有机会发现它们。如果证明它们并不存在，我们将有更多的实验数据用来构想出关于新物理的更好的理论假设。我们最后还将开始解决关于希格斯玻色子的一些剩余问题：它是否是唯一的、它是否建立了普通物质与暗物质之间的联系，以及它是否是超对称的。在接下来的十年中，许多正在进行的和计划中的实验将为我们提供有关暗物质的更多信息，我们甚至可能享受捕获到第一个暗物质粒子的极大的惊喜。还有，谁知道呢，我们发现的可能是完全出乎意料的东西。随着 LHC 的能量和强度的增加以及第二代暗物质探测器的建造，新发现的机会是很大的。

附录 A　2014 年在欧洲核子中心工作的 101 个国家和地区的人员中女性所占的百分比

CERN 用户所属的国家和地区	女性的百分比	35 岁以下的女性百分比	35 岁以下的人的百分比	在欧洲核子中心工作的人数
阿尔巴尼亚	50%	100%	50%	2
阿尔及利亚	20%	0%	20%	5
阿根廷	31%	29%	44%	16
亚美尼亚	23%	31%	59%	22
澳大利亚	7%	13%	59%	27
奥地利	11%	15%	33%	81
阿塞拜疆	0%	0%	43%	7
孟加拉国	0%	0%	67%	3
白俄罗斯	8%	8%	30%	40
比利时	25%	25%	54%	109
玻利维亚	33%	33%	100%	3
波斯尼亚	0%	0%	100%	1
巴西	20%	12%	54%	111
保加利亚	22%	44%	22%	74
喀麦隆	0%	0%	100%	1
加拿大	16%	22%	48%	141
佛得角	0%	0%	100%	1
智利	21%	25%	86%	14
中国	22%	23%	72%	302
哥伦比亚	6%	4%	77%	35

续表

CERN 用户所属的 国家和地区	女性的百分比	35 岁以下的 女性百分比	35 岁以下的 人的百分比	在欧洲核子中 心工作的人数
克罗地亚	28%	32%	53%	36
古巴	50%	57%	70%	10
塞浦路斯	17%	13%	89%	18
捷克共和国	9%	10%	51%	216
丹麦	9%	21%	36%	53
厄瓜多尔	0%	0%	75%	4
埃及	42%	73%	58%	19
萨尔瓦多	0%	0%	0%	1
爱沙尼亚	20%	27%	73%	15
芬兰	19%	21%	30%	79
法国	17%	25%	26%	731
马其顿共和国	100%	100%	100%	1
格鲁吉亚	19%	13%	41%	37
德国	14%	19%	47%	1095
直布罗陀	0%	0%	100%	1
希腊	28%	32%	38%	152
匈牙利	12%	22%	34%	67
冰岛	0%	0%	25%	4
印度	23%	26%	52%	214
印度尼西亚	0%	0%	29%	7
伊朗	32%	41%	61%	28
伊拉克	0%	0%	100%	1
爱尔兰	14%	13%	73%	22
以色列	15%	29%	33%	52
意大利	23%	31%	29%	1666
日本	7%	8%	47%	253
约旦	0%	0%	100%	1
哈萨克斯坦	100%	100%	100%	1

续表

CERN 用户所属的 国家和地区	女性的百分比	35 岁以下的 女性百分比	35 岁以下的 人的百分比	在欧洲核子中 心工作的人数
肯尼亚	50%	100%	50%	2
拉脱维亚	0%	0%	100%	1
黎巴嫩	42%	42%	100%	12
利比亚	100%	100%	100%	1
立陶宛	10%	8%	62%	21
卢森堡	25%	50%	50%	4
马达加斯加	0%	0%	33%	3
马来西亚	20%	20%	67%	15
毛里求斯	0%	0%	100%	1
墨西哥	19%	28%	58%	69
黑山	0%	0%	0%	3
摩洛哥	27%	25%	36%	11
缅甸	0%	0%	0%	2
尼泊尔	33%	50%	67%	6
荷兰	10%	28%	25%	144
新西兰	0%	0%	0%	5
朝鲜	0%	0%	0%	1
挪威	29%	33%	41%	59
巴基斯坦	12%	10%	49%	43
巴勒斯坦	40%	50%	80%	5
秘鲁	0%	0%	75%	8
菲律宾	0%	0%	100%	1
波兰	19%	16%	39%	247
葡萄牙	20%	21%	45%	104
卡塔尔	0%	0%	100%	1
罗马尼亚	26%	30%	36%	121
俄罗斯	11%	18%	22%	951
沙特阿拉伯	100%	0%	0%	2

续表

CERN 用户所属的国家和地区	女性的百分比	35 岁以下的女性百分比	35 岁以下的人的百分比	在欧洲核子中心工作的人数
塞内加尔	0%	0%	0%	1
塞尔维亚	38%	47%	43%	40
新加坡	33%	33%	100%	3
荷属圣马丁	50%	0%	0%	2
斯洛伐克	17%	21%	51%	102
斯洛文尼亚	20%	50%	30%	20
南非	28%	44%	50%	18
韩国	19%	23%	49%	115
西班牙	24%	31%	38%	323
斯里兰卡	25%	0%	50%	4
瑞典	24%	36%	39%	71
瑞士	14%	185%	31%	177
叙利亚	100%	100%	100%	1
中国台湾	20%	16%	54%	46
泰国	33%	38%	67%	12
突尼斯	50%	50%	100%	4
土耳其	33%	40%	59%	159
乌克兰	10%	14%	58%	60
英国	12%	17%	46%	633
美国	14%	18%	41%	973
乌兹别克斯坦	20%	0%	20%	5
委内瑞拉	40%	44%	90%	10
越南	36%	40%	91%	11
津巴布韦	33%	33%	100%	3

资料来源：宝琳·加尼翁，根据 CERN 数据截至 2014 年 9 月 1 日。

附录 B 米列娃·马利奇·爱因斯坦的地位和角色

　　1999 年,《时代》周刊将阿尔伯特·爱因斯坦命名为"世纪人格"。爱因斯坦的科学成果,特别是在 1905 年,引发了许多问题。几十年来,科学家们一直在好奇,一个人如何能够作为唯一的作者①发表了这么多文章。与此同时,大多数科学家鲜有了解,爱因斯坦的第一任妻子,数学家和物理学家米列娃·马利奇(Mileva Marić)的传记作者已经提供了大量证据,证明她对她丈夫工作的科学贡献。协同工作在爱因斯坦的成就中发挥了什么作用?鉴于当今科学研究的合作是多么关键,这个问题就显得尤为重要。在爱因斯坦的案例中,无可辩驳的证据的缺乏以及所有直接参与者的缺席使得很难得出决定性的结论。但是,今天仍然存在着一些见证人的叙述和文件,它们让我们了解了米列娃·马利奇的贡献,尽管在这个问题上仍然存在分歧。正如我们将要看到的,她悲惨的命运不仅取决于她丈夫的应受谴责的行为,而且还有她那个时代的炽热烙印。我的目标不是诋毁一个名人,而是通过分析现有的文件,并在他们那个时代的社会背景下考虑,来弄清楚他妻子可能的贡献。

　　直到最近,历史学家们才能查阅爱因斯坦从 1879 年至 1921 年期间的部分私人文件。但在 2006 年,耶路撒冷希伯来大学的档案终于向研究人员开放了,其中包含爱因斯坦 1921 年至 1955 年的私人文件。这使得纽约城市大学历史学教授拉德米拉·米伦提耶维奇(Radmila Milentijević)能够在阿尔伯特·爱因斯坦的感情和科学生活中描绘出更为完整的米列娃·马利奇的形象②,并填补了

---

① 在一年之内。——译者注

② 拉德米拉·米伦提耶维奇,《米列娃·马利奇·爱因斯坦:与阿尔伯特·爱因斯坦的生活》,联合世界出版社,2015 年。所有引文均来自法文版(出现在原版英文版之前),书名相同,瑞士人类时代出版社(Éditions de l'Age d'Homme),2013 年。

她的角色中的许多灰色区域。

之前曾有一些书籍专门写米列娃·马利奇，例如，由德桑卡·特布霍维奇-格尤里克（Desanka Trbuhović-Gjurić）1966 年出版的有关她的第一部传记[1]。那部书于 1999 年修订，包含了在 20 世纪 80 年代末公布于众的爱因斯坦和米列娃的情书。这本书主要基于认识了解米列娃·马利奇的见证人们的叙述撰写，米伦提耶维奇查阅了阿尔伯特·爱因斯坦和米列娃·马利奇的所有私人文件，从而写成了一部更全面的书。她也受益于以前的研究人员的成果，比如卢布尔雅那大学的一位教授多德·柯斯蒂奇（Dord Krstić），根据他几十年来对米列娃的亲戚和朋友进行的多次采访，写了一部优秀的书[2]。以下几页对米伦提耶维奇的书的内容做一个简短的总结，我从中收集了书里引用的其他作者的一些段落、事实和引文。还包括了其他几个来源的信息。

事实和见证人的叙述

拉德米拉·米伦提耶维奇的书追溯了阿尔伯特·爱因斯坦和米列娃的共同生活，从他们的相遇到 1948 年米列娃逝世那一刻。米列娃·马利奇（图 B.1），塞尔维亚人，在她于 1896 年在苏黎世联邦理工学院（ETH）遇到阿尔伯特·爱因斯坦时，她 21 岁，在那里他们都在学习物理。阿尔伯特·爱因斯坦是德国人，比米列娃小 3 岁。从 1899 年开始，他们之间产生了深刻的感情。他们分享了一切：他们的爱、学习、研究和音乐。他们相遇后不久就开始合作，许多私人文件和众多见证人的叙述证明了这一点。伯尔尼的阿尔伯特·爱因斯坦博物馆保存了阿尔伯特的笔记本。整节整节都是米列娃手写的。他们 1899 年至 1903 年的部分通信至今仍然保存着。米列娃保留了爱因斯坦写给她的 43 封信，尽管大部分

---

[1] 德桑卡·特布霍维奇-格尤里克，《在阿尔伯特·爱因斯坦的影子里》（U senci Alberta Ajnstajna），米列娃·马利奇的传记，1969 年在塞尔维亚出版，1988 年翻译成德文并于 1999 年再版。德文版于 1991 年翻译成法文。所有后续引用均指的是法语版，《米列娃·爱因斯坦的一生》，法国女权主义出版社（Editions des femmes）。

[2] 多德·柯斯蒂奇，《米列娃和阿尔伯特·爱因斯坦：他们的相爱和科学合作》，Didakta，Radovljica，斯洛文尼亚，2004 年。

信都已丢失或被销毁，其中只有 10 封被保存了下来。

>> 图 B.1：米列娃·马
利奇，于 1897 年在苏黎
世联邦理工学院读书时。
资料来源：维基百科。

　　从他们相爱开始，爱因斯坦经常在他的信中提到与米列娃合作带给他的快
乐。她引导他的阅读，并为他的生活带来了一些秩序，帮助他调教他的波希米
亚气质。米伦提耶维奇强调，爱因斯坦的信件如何充满了诸如"我们的新课
题""我们的研究""我们的观点""我们的理论""我们的文章"和"我们关于相
对运动的工作"等词语。①

　　米列娃和爱因斯坦一起学习，他们在大学课程中获得的分数不相上下。但在
1900 年，米列娃没能通过获得毕业证书的最后口试。这是由于缺乏能力还是当
时对女性的普遍态度的反映？瑞士当时是为数不多的女性可以入读大学的国家之
一。爱因斯坦通过了这次考试，但不同于他的三个同学，毕业后他没有找到所期
望的学术职位。在接下来的两年内，由于没有经济来源，他定期回家与家人住在
一起，而米列娃留在了苏黎世。这对恋人在他们的信件中猜测，是否因为爱因斯
坦遭某个老师反感而使得他在获得第一个职位时遇到这样的困难。

　　1900 年 12 月 20 日，米列娃·马利奇在写给她的朋友海伦娜·萨维奇

---

① 米伦提耶维奇，第 13 页。

(Helena Savić)的一封信中提到了他们（她和爱因斯坦）的合作，并引用了1901年3月发表的关于"液体理论"的科学论文："我们也向波尔兹曼发送了一份副本，我们想知道他对此的看法。我希望他能给我们写信。"[1] 尽管这段注释表明她参与了这篇论文的工作，但论文是仅以阿尔伯特·爱因斯坦一个人的名字发表的。

米伦提耶维奇评论：

> 可以从中得出结论，尽管本文是合作的产物，但米列娃和阿尔伯特决定只以阿尔伯特的名字发表。这是什么原因呢？因为阿尔伯特失业了。他在理工学院的个性和行为严重阻碍了他获得职位的机会。克服阿尔伯特这种劣势的唯一方法，就是证明他是一位受人尊敬的科学家，并在学术界建立自己的声誉。为此，他需要米列娃的帮助。[2]

爱因斯坦本人在1901年3月27日的一封信中证明了他们的合作，以及米列娃参与了相对论中的工作，他在给米列娃的信中写道："当我们俩在一起，使我们的相对运动的工作即将取得胜利结论的时候，我多么高兴和自豪！"[3] 这句话，出自爱因斯坦之手，构成了他们在相对论上一起工作的最直接的证据。

1901年5月，米列娃的命运发生了决定性的转变。在（意大利的）科莫，与阿尔伯特一次偷情后，她怀孕了。因为没有工作，他当时不想娶她，而是想要先能够养家糊口。三个月后，在对未来不确定的额外压力下，米列娃再次没能通过口试。1901年12月28日，阿尔伯特给她的信中写道："当你将成为我的妻子时，我们要认真地恢复我们的科学工作，以免成为庸俗的人。"[4]

---

[1] 米兰·波波维奇，《在阿尔伯特的阴影中：米列娃·马利奇的生平和信件，爱因斯坦的第一任妻子》，约翰斯·霍普金斯大学出版社，巴尔的摩和伦敦，2003年，米列娃·马利奇1900年12月20日写给海伦娜·萨维奇的信件，第70页。波尔兹曼是这一时期的杰出物理学家。

[2] 米伦提耶维奇，第77页。

[3] 《阿尔伯特·爱因斯坦论文集》，普林斯顿大学出版社，1987年至2006年。第94号文件，第160—161页。

[4] 《阿尔伯特·爱因斯坦论文集》，第131号文件，第189—190页。

在 1901 年秋天，米列娃回到塞尔维亚住在她的父母家里。她于 1901 年 10 月短暂回到瑞士，试图说服阿尔伯特・爱因斯坦和她结婚，但没有结果。1902 年 1 月底，她生下了一个女孩，取名叫丽塞尔（Liserl）。她心碎了，抛弃了孩子，两次回瑞士去找阿尔伯特・爱因斯坦。1902 年 7 月 1 日，由于朋友马塞尔・格罗斯曼（Marcel Grossmann）的父亲的帮助，爱因斯坦终于在伯尔尼的专利局获得了一个较低级别的职位。阿尔伯特・爱因斯坦和米列娃于 1903 年 1 月结婚，但再没有找回他们的女儿。爱因斯坦是否因为害怕这个非婚生子女可能会损害他的职业生涯？这在当时是一个真正的威胁吗？这至少是《纽约时报》的科学记者和爱因斯坦传记作者丹尼斯・奥弗比（Dennis Overbye）的观点。奥弗比写道，"就像在希腊的悲剧中，他们生命的奖赏将是他们的孩子。米列娃是个聪明内省的女人，当她开始把自己的幸福抵押给阿尔伯特・爱因斯坦的事业时，她不会意识到命运的讽刺"。[①] 从来没有发现过他们女儿的下落，米伦提耶维奇认为她可能在 1903 年 9 月被送人领养了。

多德・柯斯蒂奇写道，米列娃的弟弟小米洛斯・马利奇（Miloš Marić Jr.）曾在巴黎和伯尔尼学医，其间的 1905 年"与爱因斯坦一家住在一起的米洛斯有机会'近距离'精确地看到米列娃和阿尔伯特一起是怎么生活和工作的"。[②] 阿尔伯特・爱因斯坦在白天上班之后将时间用于他们的研究，而米列娃则在做完了她的家务后再做他们的研究。她还要照顾他们的第一个儿子汉斯・爱因斯坦，他出生于 1904 年。再次根据柯斯蒂奇的说法，米洛斯・马利奇向他的家人和朋友报告说，爱因斯坦夫妇非常努力。"他描述了当寂静的黑夜降临在城镇上时，这对年轻的夫妇会坐在桌子旁，在煤油灯下，他们会一起探讨物理问题。小米洛斯谈到他们如何计算、写作、阅读和辩论。"[③] 作家多德・柯斯蒂奇评论说，他从马利奇家族的两个亲戚那里直接听到了这个故事，先是 1955 年 5 月从西多尼亚・加金（Sidonija Gajin）处，然后是 1961 年从索菲娅・戈卢博维奇（Sofija

---

① 丹尼斯・奥弗比，《恋爱中的爱因斯坦》，企鹅出版集团，纽约，2000 年，第 91 页。（米伦提耶维奇引用。）

② 柯斯蒂奇，第 105 页。

③ 柯斯蒂奇，第 105 页。

Golubović）处。

为了支持米洛斯·马利奇的描述的真实性，柯斯蒂奇非常谨慎地绘制了米列娃的弟弟米洛斯（一位著名的医生）的详细画像。为了确立他的可信度，柯斯蒂奇引用米洛斯·马利奇的同事的话说他为人正直，一丝不苟地坚持事实，不固执己见。

在米洛斯·马利奇于 1905 年访问之后不久，阿尔伯特·爱因斯坦不仅发表了相对论，还发表了其他四篇科学论文，包括他的博士论文。其中一篇文章描述了光电效应，这使爱因斯坦在 1921 年获得诺贝尔奖的工作。人们只能对如此惊人的创造力感到好奇，特别是这创造力还是来自一个在专利局担任全职技术工作的人。因此，1905 年被称为爱因斯坦的"奇迹年"（annus mirabilis，拉丁语），这是他职业生涯中最多产的时期。

米伦提耶维奇还引用了爱因斯坦的另一位传记作者彼得·米歇尔莫尔（Peter Michelmore）的文章，他与爱因斯坦有过几次直接接触。米歇尔莫尔报道说，经过五个星期的艰苦努力，爱因斯坦完成了"关于运动物体的电动力学"这篇文章，为狭义相对论奠定了基础，"爱因斯坦的身体累垮了，他睡了两个星期。米列娃则一次又一次地检查了这篇文章，然后邮寄给了科学期刊"。[1] 之后，这对夫妇去塞尔维亚度假，拜访马利奇的老家亲人。据报道，这次米列娃告诉她的父亲："在我们出发之前，我们曾完成了一项重要的科学工作，它将使我的丈夫闻名于世。"[2]

柯斯蒂奇在他的书中指出，他于 1961 年从米列娃的表妹索菲亚·加利克·戈卢博维奇（Sofija Galić Golubović）那里听到了这个故事。当米列娃向她父亲吐露时，她就在场。另外两个人，西多尼亚·加金和扎尔科·马利奇（Zarko Marić）在 1955 年和 1961 年分别重复了同样的词句，他们都是从米列娃的父亲那里听到的。[3]

---

[1] 彼得·米歇尔莫尔，《爱因斯坦的一生》（Einstein: Profile of the Man），多德和米德公司，纽约，1962 年。第 46 页。（米伦提耶维奇引用。）特布霍维奇-格尤里克也报道了，第 103 页。

[2] 柯斯蒂奇，第 115 页；特布霍维奇-格尤里克，第 105 页。

[3] 柯斯蒂奇，第 115 页。

曾经有许多年轻的知识分子前来拜访米列娃的弟弟。阿尔伯特·爱因斯坦在参加其中一次聚会时声称："我需要我的妻子。她帮我解决了我的数学问题。"米列娃承认了这一点。[1] 后来，数学家马塞尔·格罗斯曼（Marcel Grossmann）在爱因斯坦离婚后担任了这个角色，并协助爱因斯坦完成了广义相对论的工作。他们于 1921 年联合署名了那篇论文。

特布霍维奇 - 格尤里克引用卢博米尔 - 巴塔·杜米（Ljubomir-Bata Dumić）博士的话，他写下了 1905 年爱因斯坦一家访问塞尔维亚的记忆：

> 我们真的很崇拜米列娃，她就像是一个神：她的数学知识和她的聪明才智给我们留下了深刻的印象。她可以现场在头脑中解决相对简单的数学问题，以及在两天内可以解决其他专家需要几周的时间才能搞定的问题。她总是以自己的方式找到答案，原创的、最简洁的方法。我们知道她成就了他（阿尔伯特），她是他的荣耀。她为他解决了所有的数学问题，特别是那些相对论的问题。作为一个光彩夺目的数学家，她让我们赞叹不已。[2]

米列娃的父亲在第一次访问瑞士期间，想在经济上帮助这对年轻夫妇并向他们提供 10 万瑞士法郎的巨额资金。爱因斯坦拒绝了，说：

> 我娶你的女儿不是为了钱，而是因为我爱她，因为我需要她，因为我们在一起就是一体。我做过和获得的一切，都归功于米列娃。她是我光辉的灵感，是把我从生命所有罪恶中拯救出来的天使，在科学上更是如此。没有她，我不会开始也不会完成我的工作。[3]

多德·柯斯蒂奇只引用了第一句而特布霍维奇 - 格尤里克引用了整段但没

---

① 特布霍维奇 -格尤里克，第 105—106 页。

② 特布霍维奇 -格尤里克，第 106 页。

③ 特布霍维奇 -格尤里克，第 107 页。

有注明来源。许多作者，包括德桑卡·特布霍维奇－格尤里克，报告说，1908年米列娃与爱因斯坦的学生保罗·哈比希特（Paul Habicht）合作，建造了一种能够测量小到万分之一伏特的超灵敏电压表。因为米列娃有许多其他工作要做，并不断尝试改进这台仪器，所以这项工作花了很长时间。特布霍维奇－格尤里克强调，米列娃在实验室的实验工作中表现出色。"当他们俩最终都满意的时候，他们让阿尔伯特来描述这个装置，因为他是专利申请的专家。"[①] 她还提到，当保罗·哈比希特的兄弟问米列娃，为什么她的名字没有出现在专利上时，米列娃用双关语回答他，"Warum？ Wir beide sind nur ein Stein."（德文）字面意思，"为什么？我们两个人只是一块石头"[ein Stein，德文的爱因斯坦"Einstein"是两个词"Ein"（一块）和"stein"（石头）合成的]，即我们只是一个（人）。[②]

对历史学家拉德米拉·米伦提耶维奇来说，很明显，米列娃和她那个时代的许多女性一样，选择退居幕后而让她的丈夫取得成功。在他的学业结束时，他没有获得像同班上其他三名学生一样的学术职位，他特别需要她的帮助。显然，对于米列娃来说，他们俩是一个独特的实体。然而，一年后，即1909年9月3日，米列娃向她的朋友海伦娜·萨维奇表达了她的第一个疑虑："我的丈夫现在被认为是德语世界物理学家中最好的，他们给了他很多荣誉。我为他的成功感到高兴，因为他确实当之无愧；我只希望并期待这种名声不会对他的人性产生有害的影响。"[③]

一个经常被引用的，但在我看来，较弱的论点来自以下的逸事。当第一篇关于相对论的论文发表时，物理学家艾布拉姆·费多罗维奇·乔夫（Abram Fedorovich Joffe）是德国期刊**物理年鉴**编辑委员会委员伦琴（Wilhelm Röntgen）的助手。在1955年为爱因斯坦写的悼词中，他写了关于看过第一篇相对论的论文的原始文献，并且这篇文章是用爱因斯坦－马里提（Marity）

---

① 特布霍维奇-格尤里克，第95页。

② 柯斯蒂奇，第115页；特布霍维奇-格尤里克，第95页。

③ 波波维奇，米列娃·马利奇给海伦娜·萨维奇的信，1909年9月3日，第98页。

这个联名签署的 ①。马里提是米列娃的姓氏的匈牙利版本，因为它出现在她的结婚证书上。乔夫当时解释，"根据瑞士的习俗"，爱因斯坦将他的名字与妻子的名字相关联。但是，实际上没有这样的习俗，只有米列娃曾使用过这个联名。

对于物理学家埃文·哈里斯·沃克（Evan Harris Walker）② 来说，乔夫无法杜撰这个故事。如果是这样，他就会将马利奇这个名字音译成俄语的 МАРИТЧ（Maritch，马利奇的等价语音），而不是马里提，与她的瑞士官方姓氏的匈牙利语表达完全一致。沃克从中得出结论，乔夫确实看到过这样署名的论文。从那时起，**物理年鉴**的档案就失去了原始论文。1943 年，爱因斯坦在慈善拍卖会上亲手复制了关于相对论的原始论文，并在复制品上指明了他在论文发表后扔掉了原版。

他们于 1919 年签订的离婚协议规定，除了必须为子女支付赡养费外，阿尔伯特·爱因斯坦还同意，如果他获诺贝尔奖的话，他将该奖的全部金额移交给米列娃。尽管拖了很久且经过许多次提醒之后，所有的钱最终都交给了米列娃。1925 年，爱因斯坦试图在他的遗嘱中确定这笔钱是他的两个儿子汉斯和爱德华的遗产。米列娃反对这一新的安排，说这笔钱属于她。

她当时似乎打算为她的科学贡献提供证据。但爱因斯坦在 1925 年 10 月 24 日的一封信中嘲笑她，米伦提耶维奇引用道：

> 当你开始用你的记忆威胁我时，你真的让我发笑。你有没有（哪怕只有一秒钟）想过，如果你谈论的那个人没有取得一些重要的成就，还有人会对你的虚构产生丝毫的关注吗？当一个人完全无足轻重时，除了保持谦虚和沉默之外，再没有其他什么能告诉这样的人的了。这就是我建议你做的事。③

---

① 乔夫，《阿尔伯特·爱因斯坦的回忆录》，发表于物理科学进展（俄文），第 7 卷，第 2 期，1955 年 10 月，第 187 页。（引自米伦提耶维奇。）

② 埃文·哈里斯·沃克，《爱因斯坦女士》，未发表的文章，由沃克（Walker）癌症研究所协会复制。

③ 阿尔伯特·爱因斯坦档案馆，耶路撒冷的希伯来大学。爱因斯坦给马利奇的信，1925 年 10 月 24 日，AEA 75-364。（引自米伦提耶维奇，第 142—143 页。）

米列娃怎么了？

在 1905 年发表所有这些论文后，阿尔伯特·爱因斯坦的名气迅速扩大。他最终获得了几个学术职位，先是在苏黎世，后来是在布拉格。他和他的家人回到了苏黎世（图 B.2 是那时这对夫妇的照片），并最终于 1914 年搬到了柏林，在那里他开始与他的堂姐艾尔莎·爱因斯坦发生婚外情。米列娃崩溃了，带着两个儿子回到苏黎世。阿尔伯特提出离婚，于 1919 年获准并与他的堂姐结婚。

>> 图 B.2：1912 年，米列娃·马利奇·爱因斯坦和阿尔伯特·爱因斯坦。
资料来源：维基百科。

爱因斯坦经常拖延支付赡养费，因此米列娃开始教授数学和钢琴课程，以帮助自己正常生活。他们的儿子汉斯·爱因斯坦曾多次给爱因斯坦写信，提醒他们所处的困境。凭借诺贝尔奖的奖金，米列娃购买了两套房产并以租金收入为生。他们的小儿子爱德华·爱因斯坦于 1910 年出生，患有精神分裂症，从 1932 年起不得不多次入住精神病院。爱因斯坦在 1933 年移居美国之后从未再见过他的小儿子，但他一生都与米列娃保持着联系。

尽管存在严重的健康问题和战争带来的困难，但米列娃将她所有的精力和资金都献给了生病的儿子。1932 年，她向阿尔伯特提出帮助写一封推荐信，以便能够在一所女子高中获得教学职位，这样她就可以养活自己和爱德华。阿尔伯特拒绝了，说"考虑到这么多比她年轻的人还在失业，我不能推荐她"。[1]

---

[1] 阿尔伯特·爱因斯坦致米列娃·马利奇的信，1932 年 6 月 4 日，阿尔伯特·爱因斯坦档案馆，耶路撒冷，AEA 75-434，米伦提耶维奇引用，第 379 页。

当她因为儿子的医疗费用而欠债时，她的债权人威胁要拿走她的房子。爱因斯坦随后同意买回她的房子，以便她和他们的儿子不会无家可归。就在 1947 年她去世前，她用一个办法转卖了那座房子，尽管爱因斯坦是主人。她把所有的钱都放在爱德华的名下，以确保她去世后儿子可以维持生活。她于 1948 年在苏黎世去世。

各种观点

约翰·斯塔切尔①，《阿尔伯特·爱因斯坦论文集》的第一位编辑，发表了阿尔伯特·爱因斯坦和米列娃在世纪之交交换的信件，指出米列娃·马利奇保留的信件很少或根本没有提到她自己的研究。然而，物理学家埃文·哈里斯·沃克在题为"爱因斯坦女士"的文章中写道："我在阿尔伯特给米列娃的 43 封信中的 13 封信中发现，其中提到了她的研究或正在进行的合作努力。"②

引自施塔赫尔（Stachel）的文章"科学中的创造性夫妻"，拉德米拉·米伦提耶维奇写道："所以施塔赫尔将（由爱因斯坦在给马利奇的信中）'我们'和'我们的工作'的用词归因于在（他）身上引发的情感物理学，即那些他觉得有义务和马利奇分享的东西。"施塔赫尔补充道："对共同工作的提及是在他们关系的困难时期做出的，并且意在向她保证他的爱和敬拜。"③然而，追踪这对夫妇的生活直到米列娃去世的米伦提耶维奇，驳斥了这一点，指出"阿尔伯特只不过是一个利他主义者"。④

另一篇 1989 年 2 月发表在美国物理联合会的期刊"今日物理"上的文章，

---

① 《阿尔伯特·爱因斯坦论文集》，普林斯顿大学出版社，1987—2006。

② 沃克，"爱因斯坦女士"，第 7 页。

③ 约翰·斯塔切尔，"阿尔伯特·爱因斯坦和米列娃·马利奇：没能继续下去的合作"，摘自《科学中的创造性夫妻》，由 Helena Mary Pycior，Nancy G. Slack 和 Pnina G. Abir-Am 编辑，罗格斯大学出版社，1996 年，第 207 页，209 页和 216 页。（米伦提耶维奇引用。）

④ 米伦提耶维奇，第 142 页。

总结道：

> 他们在一起的岁月见证了爱因斯坦最伟大的成就：他的物理学充满
> 了大胆的概念，比如关于扭曲的空间和时间，关于万有引力只是时空度
> 量的扭曲，关于实质是能量包的光子——不仅仅是作为马克斯·普朗克
> 设想的数学手段，而且也是一个现实。他的工作充满了当前物理学最新
> 和详细研究结果的直接影响。但在他与米列娃的婚姻结束后，他的物理
> 变得保守了。他把宇宙常数加进他的方程里，使这些方程可以预测宇宙
> 的每个人都期待的物理；结果，他错过了对宇宙大爆炸的预言。他不再
> 是前卫物理学家的领导者，而是随着时间的推移，由于他站在反对新量
> 子理论的立场上，他成了局外人。①

1929 年，米列娃的一位朋友米拉娜（Milana Sefanovic）在接受塞尔维亚
报纸"政治报"的采访时称，米列娃是"最有资格谈论有关相对论理论的创始
的人，因为那是她与爱因斯坦一起干的。五六年前，她痛苦地告诉我这件事。
也许让她回想起那些快乐的时光会很伤心，也许她不想对她的前夫造成任何伤
害"。② 在米列娃发给她的朋友海伦娜·萨维奇的一封信中，米列娃解释了她自己
的立场：

> 米拉娜忍不住向报社记者透露了我们的故事，我当时认为事情已经
> 结束，所以我根本没有谈论它。我不会参与这些书刊报纸上的渲染，但
> 我相信米拉娜乐意这样做，她可能认为这样做也会对我好，而且同人们
> 眼中的爱因斯坦相比，在某种程度上可以帮助我获得一些权益。③

---

① 埃文·哈里斯·沃克，"爱因斯坦是否支持他的配偶的想法？"，约翰·斯塔切尔的反驳，今日物理，
第 42 卷，第 2 期，第 9 页（1989 年）。

② 特布霍维奇 -格尤里克，第 106 页。

③ 波波维奇，米列娃·马利奇给海伦娜·萨维奇的信，日期为 1929 年 6 月 13 日，第 158 页。

拉德米拉·米伦提耶维奇的书 ①，通过引用伊丽莎白·罗博兹·爱因斯坦
（Elisabeth Roboz Einstein）的话而结尾，伊丽莎白是阿尔伯特·爱因斯坦和米
列娃的第一个儿子汉斯·爱因斯坦的第二任妻子。她写道，她的丈夫一想到他的
母亲就多么地伤心。"阿尔伯特·爱因斯坦发表的论文中遗漏了米列娃的名字，
她的婚姻残忍地结束了，还有他们的儿子的疾病，现实中的这一切都对她的生活
造成了毁灭性的影响"。②

米列娃·马利奇有理由选择保持沉默。作为第一个相信阿尔伯特·爱因斯
坦的潜力的人，米列娃于 1922 年给她的朋友海伦娜·萨维奇的信中写道："即
使连我最亲近的朋友仍然极为钦佩他在科学上的成就，并把这种仰慕也转移到
个人生活领域来的时候，你是唯一最了解我的人，因为你能说'我已经不再在
乎他了。'"③

我的看法

阅读了大量关于米列娃·马利奇的书籍和文章，特别是德桑卡·特布霍维
奇－格尤里克和拉德米拉·米伦提耶维奇撰写的传记，阿尔伯特·爱因斯坦和
米列娃在他们的恋爱开始时交换的信件，以及米列娃·马利奇与她的朋友海伦
娜·萨维奇的通信（由米兰·波波维奇编辑），在咨询了多德·柯斯蒂奇精心编
写的书以后，我对阿尔伯特·爱因斯坦和米列娃的合作毫不怀疑。然而，只有当
几个要素结合在一起时，才能得出这个结论，并且这个结论并不依赖于一个单一
的、无可辩驳的证据。最好的现有证据，是阿尔伯特·爱因斯坦本人在他 1901
年 3 月 21 日的信中对他们俩对相对论的共同研究的提法，我在前面引述过了。

我认为，时代和环境迫使米列娃把自己置于她的丈夫身后。此外，她对阿尔
伯特·爱因斯坦的完全的爱和信任，使她不惜一切代价地支持他，很高兴参与到

---

① 米伦提耶维奇，第 479 页。

② 伊丽莎白·罗博兹·爱因斯坦，《汉斯·阿尔伯特·爱因斯坦：回忆他的生活和我们在一起的生活》，
爱荷华大学，1991 年，第 3 页。（米伦提耶维奇引用，第 479 页。）

③ 波波维奇，米列娃·马利奇给海伦娜·萨维奇的信，1922 年，苏黎世，第 132—133 页。

他的成功进程之中。通过接受了由他单独署名发表他们共同研究的论文，她使他有可能脱颖而出，充分发展他的才能。她不得不付出的代价是牺牲自己的事业。如果他仍然失业，阿尔伯特·爱因斯坦不会娶她为妻。一旦舞台由双方协议确定，谁能够反悔呢? 阿尔伯特·爱因斯坦冒着失去很多的风险：他的教授职位、他的声誉、他的名字。他越推迟扭转局面，就失去得越多。爱因斯坦以米列娃的代价而获得的名气可能破坏了他们美好的初始团队精神。分居十一年后，1925 年，在夫妻关系发生变化之后，米列娃看清了，他们不再像他们爱情关系开始时的那种"一块石头"那样，于是她试图索取她应有的权益。阿尔伯特·爱因斯坦的反应是如此残酷，以至于她选择了永远保持沉默。这就解释了为什么米列娃拒绝索取她的那份声誉，即使她的朋友米拉娜·塞凡诺维奇在 1929 年公开谈论此事时敦促她这样做。

他们两个人的确切贡献可能永远都是一个谜。但是一切似乎都表明，通过共同努力，他们才能够产生那种创造性的想法。所有在合作组里工作的科学家们，不论是粒子物理学还是其他领域，都知道这种交流是多么有益。当然，确实会发生一个人有时会有一个好主意，但与同事讨论这些主意总会更进一步完善它的情况。根据今天的标准，米列娃·马利奇将被认定为是（爱因斯坦的）这些理论的合作者。但是历史背景和条件已经做出了不同的决定。

致谢

　　这是我撰写的第一部书，由于当时搬家到了距离我生活了 19 年的欧洲核子中心（CERN）五百千米以外的地方，我特别害怕会有孤独感。然而，情况恰恰相反，这多亏同事和朋友们给予我慷慨的帮助。即使我独自坐在书桌前，他们也像在我身边一样，通过电子邮件的方式，帮我修改一些章节，或给我建议和鼓励。因为有如此之多的帮助，所以我觉得这部书最终是集体写成的。对像我这样，一直与 3000 多人一起在超环面仪器（ATLAS）实验中工作的人来说，这令人非常欣慰。同时，我并不完全感到惊讶，因为我知道绝大多数同事像我一样，渴望有机会分享我们现在参与的发生在 CERN 独特的冒险奇遇。

　　我由衷地感谢（按字母排序）西尔维・布吕内（Sylvie Brunet），纳塔莉・加尔德（Natalie Garde），彭妮・卡斯珀（Penny Kasper），纳雷伊・洛伦索（Narei Lorenzo）和帕斯卡尔・普拉拉沃里奥（Pascal Pralavorio）对全书（或其中大部分）的审阅，他们给了我非常宝贵的忠告和建议。依靠这些帮助，使得本书面目一新。其他几位同事和朋友也在科学的准确性或清晰性方面核查了一章或几章的内容，由此我非常感谢亚历山大・阿尔贝（Alexandre Arbey）、苏德希纳・班纳吉（Sudeshna Banerjee）、托马斯・科科利奥（Thomas Cocolios）、迈克尔・多塞（Michael Doser）、莫妮卡・邓福德（Monica Dunford）、路易・法亚尔（Louis Fayard）、朱尔斯・加斯孔（Jules Gascon）、詹姆斯・吉利斯（James Gillies）、热纳维耶芙・吉诺（Geneviève Guinot）、温琴佐・亚科利洛（Vincenzo Iacoliello）、马鲁米・卡多（Marumi Kado）、克拉拉・库利希（Clara Kulich）、纳西拉・马哈茂迪（Nazila Mahmoudi）、苏菲・马拉瓦（Sophie Malavoy）、尤迪塔・马穆齐克（Judita Mamuzic）、詹皮耶罗・曼奇内利（Giampiero Mancinelli）、姜戈·曼龙基（Django Manglunki）、马库斯·诺德伯格（Markus Nordberg）、玛丽 - 克劳德·皮然（Marie-Claude Pugin）、伊夫·拉格（Yves Lagacé）、皮埃尔·萨瓦尔（Pierre Savard）和安德烈·罗比肖 - 韦罗纳（Andrée Robichaud-Véronneau），感谢他们花费时间给予非常好的改进建议。这些慷慨的帮助和支持使书中减少了许多瑕疵，行文更加流畅。他们利用夜晚、周末，甚至假期来帮助我，自始至终令人感动。在此，我深深地感激他们。

非常感谢凯特·卡尔（Kate Kahle）贯穿全程的信任与不懈的支持。也非常感激所有通过讯佳普（skype）网络电话和我一起参加网络午餐讨论的朋友们。我还想感谢 MultiMondes 出版社的让 - 马克·加尼翁，他是此书法文版的责任编辑，在我最初联系他时，他就非常热情地回应；还有牛津大学出版社的安尼亚·茹昂斯基，感谢她的职业水准、合理的建议和在整个编校过程中的耐心。

特别感谢我的母亲以及她的鲁斯（Larousse）字典和拜舍莱勒（Bescherelle）语法书，还有她传递给我的她对完美工作的感受。最后，我想感谢我的同伴玛丽甫·翰姆，感谢她的耐心、她的爱和她不断的鼓励，特别是她经常坚持让我离开电脑去呼吸一些新鲜空气；否则，我现在看起来一定会像隆冬季节中的一粒希格斯玻色子。[①]

---

① 但是没人知道希格斯玻色子是什么样子。